"玩转科学"系列

在钢铁中铸入灵魂
——玩转机器人

总 主 编	杨广军
副总主编	朱焯炜 章振华 张兴娟
	胡 俊 黄晓春 徐永存
本册主编	刘博省
本册副主编	付道一 朱 月 华欣欣

上海科学普及出版社

图书在版编目（CIP）数据

在钢铁中铸入灵魂：玩转机器人/刘博省主编.
—上海：上海科学普及出版社，2012.1(2018.4重印)
(玩转科学系列/杨广军主编)
ISBN 978-7-5427-5002-0

Ⅰ.①在… Ⅱ.①刘… Ⅲ.①机器人-普及读物 Ⅳ.①TP242-49

中国版本图书馆CIP数据核字(2011)第122623号

| 组　　稿 | 胡名正　徐丽萍 |
| 责任编辑 | 徐丽萍　刘湘雯 |

"玩转科学"系列
在钢铁中铸入灵魂
——玩转机器人
总主编　杨广军
副总主编　朱焯炜　章振华　张兴娟
　　　　　胡　俊　黄晓春　徐永存
本册主编　刘博省
本册副主编　付道一　朱　月　华欣欣
上海科学普及出版社出版发行
(上海中山北路832号　邮政编码200070)
http://www.pspsh.com

各地新华书店经销　北京兴湘印务有限公司印刷
开本 787×1092　1/16　印张 15　字数 230 000
2012年1月第1版　2018年4月第3次印刷

ISBN 978-7-5427-5002-0　　定价：29.80元

卷首语

上溯远古时代，鲁班之木鸟，诸葛丞相之木牛流马，偃师之木伶人，都源于人类先祖对于机器人这一概念的不断探索，可叹的是大多成了未传之物。及至今日，机器人与人工智能在大大推动工业文明的同时，也引发了道德上、哲学上的不断思考。

那么，究竟机器人和机器有什么不同，人工智能到底能否产生自主意识？在遥远的将来，人工智能会成为我们亲密的朋友，还是会演变为奴隶人类的恶魔？带着对这些问题的不尽思考，让我们一起走进本书，一起思考钢铁与灵魂的结合，一起漫游机器人的王国吧……

目 录

"神"的后代——机器人

我只是一个传说——古代机器人 …………………………（3）
我从哪里来——现代机器人的起源与定义 …………………（9）
悖论还是紧箍咒——机器人三原则 …………………………（18）
机器人世界立法者——阿西莫夫 ……………………………（25）
众说纷纭——机器人的分类 …………………………………（32）
终结者追杀机器猫——现代机器人的发展概况 ……………（35）
动力，发展——我国机器人的概况 …………………………（42）
你也可以——关于简易机器人 ………………………………（49）

守护的"天使"——我们身边的机器人

我本无害——家用机器人 ……………………………………（59）
以一当千——工业机器人 ……………………………………（62）
没有畏惧，没有迟疑——战争机器人 ………………………（66）
我就是你——人形机器人 ……………………………………（73）

ZAI GANGTIEZHONG ZHURU LINGHUN
在钢铁中铸人灵魂

中国仿人机器人第一人——邹人倜 …………………………………（79）
卡哇伊——宠物机器人 …………………………………………………（83）
先遣队——空间机器人 …………………………………………………（87）
救死扶伤——医疗机器人 ………………………………………………（92）
神奇小子——纳米机器人 ………………………………………………（97）
Who am I? ——生化机器人 ……………………………………………（102）

天空才是极限——电影中的机器人

机器人影片的鼻祖——The Big City ………………………………（111）
皮诺曹的科幻演绎——《人工智能》…………………………………（116）
地球上最后一个机器人——WALL－E ……………………………（122）
谁毁灭了谁？——《终结者》…………………………………………（127）
来自外星的朋友——《变形金刚》……………………………………（133）
儿时的梦想——《哆啦A梦》…………………………………………（138）

来看我！——奥运会和世博会中使用的机器人

铁面无私——安保机器人 ………………………………………………（145）
独领风骚——排爆机器人 ………………………………………………（150）
热情好客——福娃机器人 ………………………………………………（155）
上海之宝——海宝机器人 ………………………………………………（161）
与人抢镜——乐坊机器人 ………………………………………………（165）
卧虎藏龙——中国功夫机器人 …………………………………………（169）
因特网骄子——虚拟机器人 ……………………………………………（173）

目　录

机器人的灵魂——人工智能(AI)

源于古老——人类对 AI 的初体验 …………………………… (181)
坎坷而辉煌的成长——人工智能的诞生到发展 ……………… (186)
人工智能之父——阿兰·图灵和约翰·麦卡锡 ……………… (190)
自然科学还是哲学？——人工智能的分类和特点
　（强弱人工智能）………………………………………………… (196)
路在何方？路在脚下——人工智能的研究目标及基本内容 … (200)
无所不能——人工智能的典型应用 …………………………… (205)

荣辱与共——人工智能的未来

神奇的大自然——何谓天然智能？ …………………………… (213)
针锋相对——计算机可以拥有智能吗？ ……………………… (219)
能？不能？谁来回答？——我们能够建造智能机器吗？ …… (225)
敌人还是朋友？——智能机器将永远灭绝人类？ …………… (230)

"神"的后代
——机器人

  如果说上帝创造了名叫人类的生命体,那么作为被人类创造出的"生命体"——机器人,就是当之无愧的神的后代……

  在人类的整个文明史中,对自身孜孜不倦地探索和追求,使人类用"非正式"的方式创造出独特的群体——机器人。如今的工业时代,机器人可谓大展身手,大显神通。机器人代替了人类生活中高危险,高耐力的活动。成为了人类当之无愧的帮手。

  那么,究竟什么才算是真正的机器人?现代社会对机器人的要求怎样?随着人工智能的提高,人类对待机器人的方式又会产生怎样的改变?在这一篇,你会略见其详,并期望你通过认知,得出自己的观点。

"神"的后代——机器人

WANZHUAN JIQIREN

我只是一个传说
——古代机器人

如果机器人给你的印象只有金属光泽和高科技,那么你就需要了解一下在辉煌的古代文明中,人类对机器人的探索和制造从来就没有停止过。"木牛流马"、"荷蒙克鲁斯"这些熟悉或不熟悉的名字,代表着人类祖先对自己的认识和再造。

◆古代机器人

遥远的传说尽管美丽,但是已经无法再重现,丢失了的绝技成为了我们心中无尽的牵挂。

古代机器人和现代机器人有哪些不同?我们的先祖又是怎样的巧夺天工,往下看,耐心点,你就会得到答案。

木牛流马

鲁国木牛流马

木牛流马的发明者最远可追溯到春秋末期,我国的工匠之祖鲁班。据王充在《论衡》中记载:鲁国木匠名师鲁班就为其老母制作过一台木车马,且"机关具备,一驱不还"。

三国木牛流马

也许是受了鲁班木车马的启发,三国时代的诸葛亮发明了木牛流马,

ZAI GANGTIEZHONG ZHURU LINGHUN
在钢铁中铸人灵魂

◆木牛流马

用其在崎岖的栈道上运送军粮,且"人不大劳,牛不饮食"。与王充记载鲁班木车马的寥寥数语相比,《三国志》《三国演义》等书对诸葛亮的木牛流马的记述绘声绘色,极其详尽。

南北朝木牛流马

又过了200多年,"据说"南北朝时的科技天才祖冲之又再造了木牛流马。令人难以理解的是,他同样也未留下只字片图的资料。

木牛流马作为我国古代伟大的智慧财富,在这么多年的努力下,基本上已经失传了……我们现在只能在头脑中憧憬不吃不喝、不用燃料的纯"绿色环保"木牛流马。

造木牛之法云:"方腹曲头,一脚四足;头入领中,舌着于腹。"

名人介绍——伟大的祖冲之

祖冲之(429~500年)是我国杰出的数学家、科学家。南北朝时期人,汉族人,字文远。生于宋文帝元嘉六年,辛于齐昏侯永元二年。祖籍范阳郡遒县(今河北涞水县)。为避战乱,祖冲之的祖父祖昌由河北迁至江南。祖昌曾任刘宋的"大匠卿",掌管土木工程;祖冲之的父亲也在朝中做官。祖冲之从小接受家传的科学知识。青年时进入华林学省,从事学术活动。一生先后任过南徐州(今镇江市)从事史、公府参军、娄县(今昆山市东北)令、谒者仆射、长水校尉等官职。其主要贡献在数学、天文历法和机械三方面。

◆南北朝科学家——祖冲之

"神"的后代——机器人

数学方面,祖冲之最早精确计算了圆周率。天文历法方面,祖冲之创制了《大明历》,最早将岁差引进历法;采用了391年加144个闰月的新闰周;首次精密测出交点月日数(27.21223)、回归年日数(365.2428)等。数据机械方面,他设计制造过水碓磨、铜制机件传动的指南车、千里船、定时器等等。

为纪念这位伟大的古代科学家,人们将月球背面的一座环形山命名为"祖冲之环形山",把小行星1888命名为"祖冲之小行星"。

指南车

◆指南车

指南车,又称司南车,是中国古代用来指示方向的一种机械装置。指南车与司南、指南针等相比在指南的原理上截然不同。它是一种双轮独辕车。

> 指南车在很长一段时间里,只伴随帝王的出行而与车马同列。指南车,也是一种皇权的象征。

车上立有一个木人,一手伸臂直指,只要在车开始移动前,根据天象将木人的手指向南方,以后不管车向东还是向西转,由于车内有一种能够自动离合的齿轮系定向装置,木

在钢铁中铸人灵魂

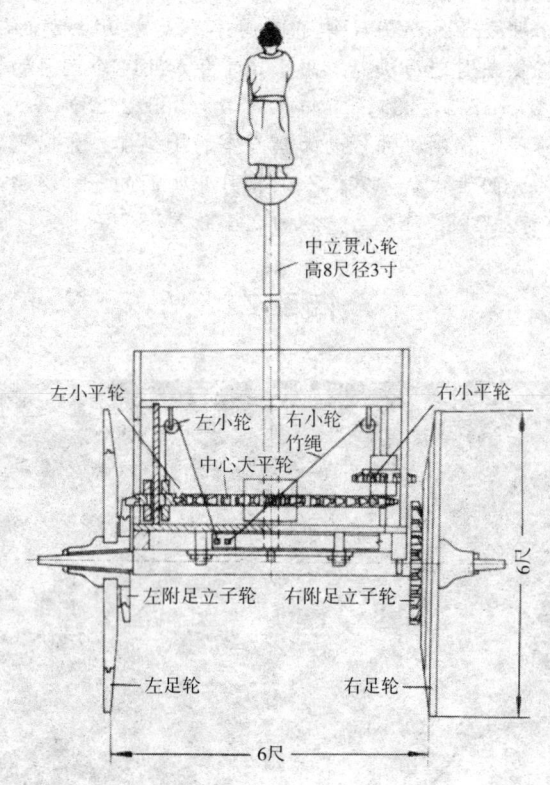

◆指南车原理图

人的手臂始终指向南方。

相传早在5000多年前,黄帝时代就已经发明了指南车,当时黄帝曾凭着它在大雾弥漫的战场上指示方向,战胜了蚩尤。西周初期,当时南方的越棠氏人因回国迷路,周公就用指南车护送越棠氏使臣回国。三国马钧所造的指南车除用齿轮传动外,还有自动离合装置,是利用齿轮传动系统和离合装置来指示方向。在特定条件下,车子转向时木人手臂仍指南。

《宋史·舆服志》对指南车的机械结构,作了比较具体的记述,此车仅用为帝王出行的仪仗。宋、金两朝的燕肃与吴德仁等科学家都研制出指南车,但之后又失传了。指南车的发明标志着中国古代在齿轮传动和离合器的应用上已取得很大成就。

"神"的后代——机器人

WANZHUAN JIQIREN

轶闻趣事——复原指南车

2007年12月13日从祖冲之的故乡——河北省涞水县下车亭村获悉,祖冲之嫡系后人耗时7年,复原了中国古代用来指示方向的指南车。

在祖冲之的故乡——涞水下车亭村,祖冲之的嫡系后代祖凤葛与丈夫祝永洪,怀着对先祖祖冲之的崇敬,花了7年多的时间,苦心钻研早已失传的指南车制作工艺,并终于凭着十多年的车床经验和木工技巧,把指南车复原出来。

据悉,祖凤葛已打算申请专利,扩大生产规模,制作出更多的指南车,以供爱好者收藏,并让更多的人了解祖冲之以及他的家乡。

外国古代机器人概述

再来看看外国古代机器人的风采。

1662年,日本的竹田近江利用钟表技术发明了自动机器玩偶,并在大阪的道顿掘演出。

1738年,法国天才技师杰克·戴·瓦克逊发明了一只机器鸭,它会嘎嘎叫,会游泳和喝水,还会进食和排泄。瓦克逊的本意是想把生物的功能加以机械化而进行医学上的分析。在当时的自动玩偶中,最杰出的要数瑞士的

◆自动写字偶人

钟表匠杰克·道罗斯和他的儿子利·路易·道罗斯这一对父子档。1773年,他们连续推出了自动书写玩偶、自动演奏玩偶等,他们制造的自动玩偶是利用齿轮和发条原理制成的。它们有的拿着画笔和颜色绘画,有的拿着鹅毛蘸墨水写字,结构巧妙,服装华丽,在欧洲风靡一时。根据当时的技术、工艺条件,这些玩偶其实是身高1米的巨型玩具。

现在保留下来的最早的机器人是瑞士努萨蒂尔历史博物馆里的少女玩

在钢铁中铸人灵魂
ZAI GANGTIEZHONG ZHURU LINGHUN

偶,它制作于 200 年前,两只手的 10 个手指可以按动风琴的琴键而弹奏音乐,现在还定期演奏供参观者欣赏,展示了古代外国人的智慧。

链接——幻想派和机械派

19 世纪中叶自动玩偶分为两个流派,即科学幻想派和机械制作派,并各自在文学艺术和近代技术中找到了自己的位置。1831 年歌德发表了《浮士德》,塑造了人造人"荷蒙克鲁斯";1870 年霍夫曼出版了以自动玩偶为主角的作品《葛蓓莉娅》;1883 年科洛迪的《木偶奇遇记》问世;1886 年《未来的夏娃》问世。在机械实物制造方面,1893 年摩尔制造了"蒸汽人","蒸汽人"靠蒸汽驱动双腿沿圆周走动。

拓展思考

1. 相比之下,中国古代机器人都没有留下图纸等设计方案,这会给我们怎样的启示?

2. 是谁造出了古代第一个有记载的机器人?

"神"的后代——机器人

我从哪里来
——现代机器人的起源与定义

当你看到现代科技展厅中的机器人时，当你为电影中的机器人如痴如狂时，当你混淆人和机器人的概念时，当……你一定会想知道，究竟最早的机器人是什么样子的？

那么，究竟机器人发展起源于哪里？是谁定义了机器人的概念？又是谁限定了机器人的行为准则？就让我们一起来看一看。

◆Wall—e

源于想象——恰佩克

1920年捷克斯洛伐克作家卡雷尔·恰佩克在他的科幻小说《罗萨姆的机器人万能公司》中，根据Robota（捷克文，原意为"劳役、苦工"）和Robotnik（波兰文，原意为"工人"），创造出"机器人"这个词。

1920年捷克作家卡雷尔·恰佩克发表了科幻剧本《罗萨姆的万能机器人》。在剧本中，恰佩克把捷克语"Robota"写成了"Robot"，"Robota"是奴隶的意思。该剧预告了机器人的发展对人类社会的悲剧性影响，引起了大家的广泛关注，这被认为是"机器人"一词的起源。

在该剧中，机器人按照其主人的命令默默地工作，没有感觉和感情，以呆板的方式从事繁重的劳动。后来，罗萨姆公司取得了成功，使机器人具有了感情，导致机器人的应用部门迅速增加。在工厂和家务劳动中，机

在钢铁中铸人灵魂

◆卡雷尔·恰佩克

器人成了必不可少的成员。机器人发觉人类十分自私和不公正,终于造反了,机器人的体能和智能都非常优异,因此消灭了人类。

但是机器人不知道如何制造它们自己,认为自己很快就会灭绝,所以它们开始寻找人类的幸存者,但没有结果。最后,一对感知能力优于其他机器人的男女机器人相爱了。这时机器人进化为人类,世界又起死回生了。

家用机器人 Elektro

1939年美国纽约世博会上展出了西屋电气公司制造的家用机器人Elektro。它由电缆控制,可以行走,会说77个字,甚至可以抽烟,不过离真正干家务活还差得很远。

Elektro同样是一个在机器人发展史上里程碑式的存在。

◆机器人

"神"的后代——机器人

机器人三原则

科学技术的进步很可能引发一些人类不希望出现的问题。为了保护人类,早在1940年,科幻作家阿西莫夫就提出了"机器人三原则",阿西莫夫也因此获得"机器人学之父"的桂冠!

机器人三原则

第一条:机器人不得危害人类。此外,不可因为疏忽危险的存在而使人类受害。

第二条:机器人必须服从人类的命令,但命令违反第一条内容时,则不在此限。

第三条:在不违反第一条和第二条的情况下,机器人必须保护自己。

◆年轻时的阿西莫夫

虽然三原则只是在科幻小说中提出,但是这是给机器人赋予的伦理性纲领。机器人学术界一直将这三原则作为机器人开发的准则。

机器人的迅速发展

1948年诺伯特·维纳出版了《控制论》,阐述了机器中的通信和控制机能与人的神经、感觉机能的共同规律,率先提出以计算机为核心的自动化工厂。

1954年美国人乔治·德沃尔制造出世界上第一台可编程的机器人,并注册了专利。这种机械手能按照不同的程序从事不同的工作,因此具有通用性和灵活性。

1956年在达特茅斯会议上,马文·明斯基提出了他对智能机器的看

在钢铁中铸人灵魂

法：智能机器"能够创建周围环境的抽象模型，如果遇到问题，能够从抽象模型中寻找解决方法"。这个定义影响到以后30年智能机器人的研究方向。

1959年德沃尔与美国发明家约瑟夫·英格伯格联手制造出第一台工业机器人。随后，成立了世界上第一家机器人制造工厂——Unimation公司。由于英格伯格对工业机器人的研发和宣传，他也被称为"工业机器人之父"。

1962年美国AMF公司生产出"VERSTRAN"（意思是万能搬运），与Unimation公司生产的Unimate一样，成为真正商业化的工业机器人，并出口到世界各国，掀起了全世界对机器人研究的热潮。

知识窗

工业机器人

工业机器人（英语：industrial robot，简称IR）是广泛适用的能够自主动作，且多轴联动的机械设备。它们在必要情况下配备有传感器，其动作步骤包括灵活的转动，都是可编程控制的（即在工作过程中，无需任何外力的干预）。它们通常配备有机械手、刀具或其他可装配的加工工具，以及能够执行搬运操作与加工制造的任务。

链接——传感器的出现

传感器的应用提高了机器人的可操作性。人们试着在机器人上安装各种各样的传感器，包括1961年恩斯特采用的触觉传感器，托莫维奇和博尼于1962年在世界上最早的"灵巧手"上用到了压力传感器，而麦卡锡于1963年则开始在机器人中加入视觉传感系统，并在1965年，帮助MIT推出了世界上第一个带有视觉传感器、能识别并定位积木的机器人系统。

1965年约翰·霍普金斯大学应用物理实验室研制出Beast机器人。Beast已经能通过声纳系统、光电管等装置，根据环境校正自己的位置。20世纪60年代中期开始，美国麻省理工学院、斯坦福大学、英国爱丁堡大学等陆续成立了机器

"神"的后代——机器人

人实验室。美国兴起研究第二代带传感器、"有感觉"的机器人,并向人工智能进发。

机器人的人工智能

1968年美国斯坦福研究所公布他们研发成功的机器人Shakey。它带有视觉传感器,能根据人的指令发现并抓取积木,不过控制它的计算机有一个房间那么大。Shakey可以算是世界上第一台智能机器人,拉开了第三代机器人研发的序幕。

◆机器狗爱宝

1969年日本早稻田大学加藤一郎实验室研发出第一台以双脚走路的机器人。加藤一郎长期致力于研究仿人机器人,被誉为"仿人机器人之父"。日本专家一向以研发仿人机器人和娱乐机器人的技术见长,后来更进一步,催生出本田公司的ASIMO和索尼公司的QRIO。

 链接——谁都想要爱宝

人们对"爱宝"的热情出乎商家的预料,在日本投放的3000台"爱宝"在20分钟内就宣布售罄,在美国投放的2000台也在4天内售完。为了满足消费者的需求,索尼公司于1999年11月决定在日本、美国和欧洲的部分国家再投放10000台特定版的ERS-111型"爱宝"机器小狗。

每个人都喜欢"爱宝",但可惜的是,不是每个人都能拥有自己的"爱宝",据悉,最新款的"爱宝"售价为1599美元。大多数人可能就只能看着可爱的小狗兴叹了。

1973年,世界上首次出现了机器人和小型计算机携手合作,就诞生了美

在钢铁中铸人灵魂

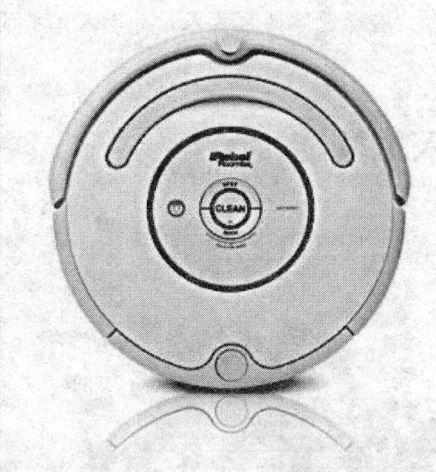

◆吸尘器机器人

国 Cincinnati Milacron 公司的机器人 T3。1978 年，美国 Unimation 公司推出了通用工业机器人 PUMA，这标志着工业机器人技术已经完全成熟。PUMA 至今仍然工作在工厂第一线。

1984 年，英格伯格再推机器人 Helpmate，这种机器人能在医院里为病人送饭、送药、送邮件。同年，英格伯格还预言："我要让机器人擦地板、做饭，出去帮我洗车，检查安全。"

玩转机器人

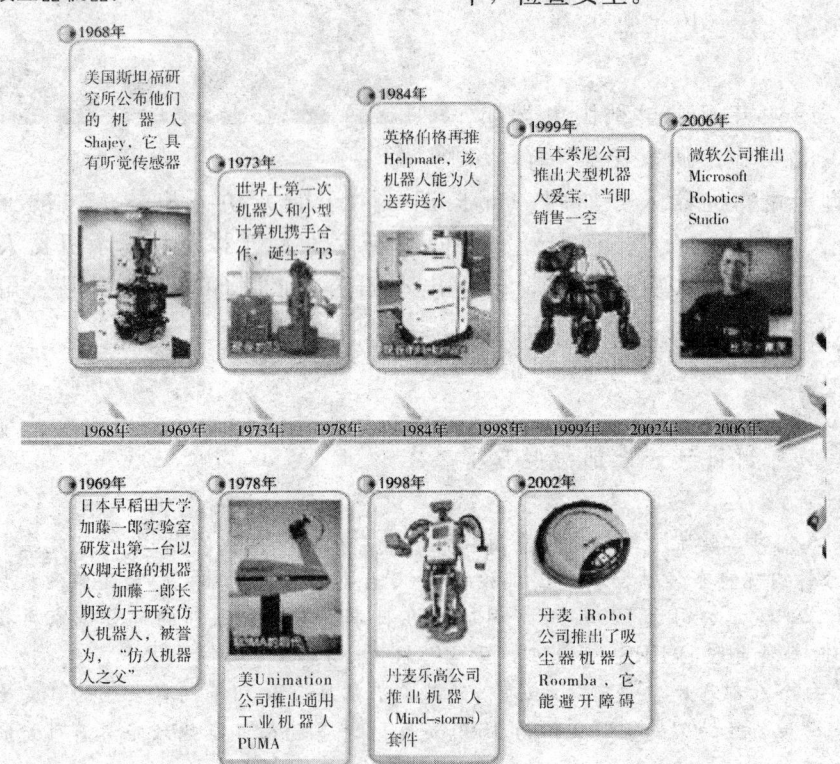

◆机器人发展简史

"神"的后代——机器人

1998年，丹麦乐高公司推出机器人（Mind-storms）套件，让机器人制造变得跟搭积木一样，相对简单又能任意拼装，使机器人开始走入个人世界。

1999年，日本索尼公司推出犬型机器人爱宝（AIBO），当即销售一空，从此娱乐机器人成为目前机器人迈进普通家庭的途径之一。

2002年，丹麦iRobot公司推出了吸尘器机器人Roomba，它能避开障碍，自动设计行进路线，还能在电量不足时，自动驶向充电座。Roomba是目前世界上销量最大、最商业化的家用机器人。

2006年6月，微软公司推出Microsoft Robotics Studio，机器人模块化、平台统一化的趋势越来越明显，比尔·盖茨预言，家用机器人很快将席卷全球。

关于人工智能机器人的详细发展情况及其引发的问题，本书后面章节会有详细介绍。

众说纷纭——机器人的定义

"人们都知道怎么用，但却不知道他是什么！"——相比于机器人的诞生和发展，机器人的定义就显得复杂得多，究竟什么是机器人？直到现在仍没有人能给出准确而不具有争议的答案。

关于机器人的各种定义分别注重哪些方面？有何异同？

其实早在1967年日本召开的第一届机器人学术会议上，就提出了两个有代表性的定义。一是森政弘与合田周平提出的："机器人是一种具有移动性、个体性、智能性、通用性、半机械半人性、自动性、奴隶性等7个特征的柔性机器。"从这一定义出发，森政弘又提出了用自动性、智能性、个体性、半机械半人性、作业性、通用性、信息性、柔性、有限性、移动性等10个特性来表示机器人的形象。另一个是加藤一郎提出的，把具有如下3个条件的机器称为机器人：

1. 具有脑、手、脚三要素的个体；

在钢铁中铸人灵魂

◆中国工程院前院长宋健

2.具有非接触传感器（用眼、耳接受远方信息）和接触传感器；

3.具有平衡觉和固有觉的传感器。

这个定义强调了机器人"应当仿人"的含义，即它靠手进行作业，靠脚实现移动，由脑来完成统一指挥的作用。非接触传感器和接触传感器相当于人的五官，使机器人能够识别外界环境。当然，这里描述的不是工业机器人而是自主机器人。

那么为什么机器人的定义仍然那么多，是因为各国根据国情、研究方向等原因，对机器人做出了自己的定义。

1987年，国际标准化组织对工业机器人进行了定义："工业机器人是一种具有自动控制的操作和移动功能，能完成各种作业的可编程操作机。"

1988年，法国人埃斯皮奥将机器人定义为："机器人学是指设计能根据传感器信息实现预先规划好的作业系统，并以此系统的使用方法作为研究对象。"这是从机器人工作方式的角度来定义的。

无论定义如何，机器人学都是如今科学的最前沿，聚集着最高新的技术，也拥有无比广阔的发展前景，正如中国工程院前院长宋健指出的："机器人学的进步和应用是20世纪自动控制最有说服力的成就，是当代最高意义上的自动化。"机器人技术综合了多学科的发展成果，代表了高技术的发展前沿，它在人类生活应用领域的不断扩大正引起国际上重新认识机器人技术的作用和影响。

"神"的后代——机器人

拓展思考

1. 现代机器人发展经历了几个阶段？
2. 关于机器人的定义仁者见仁，智者见智，看了本节的描述，你是否有了自己对机器人的看法和定义？

ZAI GANGTIEZHONG
ZHURU LINGHUN

在钢铁中铸人灵魂

悖论还是紧箍咒
——机器人三原则

◆机器人世界的"立法者"阿西莫夫

提到机器人,便无法回避机器人世界的法律——机器人三原则。

通过前面的阅读,我们都已知道,机器人三原则是由阿西莫夫提出的。令人迷惑的是,无数的后辈似乎都在争相质疑伟大的先师,三个原则如今已经衍生出许许多多新的版本。然而,问题却多于解答。那么为什么早在20世纪40年代就被提出的原则,直到现在仍然有着无尽的魅力和疑惑?机器人三原则究竟是约束机器人的利器还是会成为反映人类自身逻辑极限的悖论?

就请大家和我一起,来关注这个恒久的辩题……

机器人三原则的提出

机器人三原则最早见于书面版的记录,应该要算在1950年末由格诺姆出版社出版的阿西莫夫的《我,机器人》。这本书在当时畅销一时,但是却的的确确可以算是"旧稿子"。因为这些短篇是阿西莫夫于10年间零零散散发表的。就在这本书的引言里,阿西莫夫第一次用"机器人三原则"作为了引言的小标题。而且将其置于最醒目、最重要的位置。

随着《我,机器人》产生广泛的影响,阿西莫夫的"机器人三原则"也引起广泛的注意,以至今日不少论著在论及"机器人三原则"时,总是

"神"的后代——机器人

写道:"1950年阿西莫夫在《我,机器人》一书中首次提出'机器人学三原则'。"实际上,阿西莫夫著名的"机器人学三原则",酝酿于1940年末,部分发表于1941年5月,完整提出于1941年10月。

在阿西莫夫创作一系列机器人短篇科幻小说并提出"机器人三原则"时,世界上还没有机器人,当然也没有机器人学和机器人公司。1959年,美国英格伯格和德沃尔制造出世界上第一台工业机器人,宣告机器人从科学幻想变为现实。之后的很长一段时间,阿西莫夫的"机器人三原则"越来越显示智者的光辉,以至有人称之为"机器人学的金科玉律"。

◆《我,机器人》有声读物封面

知识窗

关于《我,机器人》

《我,机器人》收入9个短篇机器人科幻小说。这些小说彼此关联,用三个人物贯穿。这三个人物是机器人工程师唐纳文、鲍威尔和机器人心理学家苏珊·卡尔文。故事常常是在一位名叫劳伦斯·罗伯逊的人于1982年创立的"美国机器人与机械人公司"这样的背景下展开。正是因为有共同的人物贯穿,使《我,机器人》中的9个短篇不是各自独立、互不相干,而是成为系列小说。

链接——机器人三原则中英对照

第一条:机器人不得危害人类。此外,不可因为疏忽危险的存在而使人类

在钢铁中铸人灵魂

受害。

第二条：机器人必须服从人类的命令，但命令违反第一条内容时，则不在此限。

第三条：在不违反第一条和第二条的情况下，机器人必须保护自己。

The Three Laws of Robotics:

1. A robot may not injure a human being, or, through inaction, allow a human being to come to harm.

2. A robot must obey the orders given it by human beings except where such orders would conflict with the First Law.

3. A robot must protect its own existence as long as such protection does not conflict with the First or Second Law.

机器人三原则的发展

然而，没有定律是可以一成不变永远使用的，自然科学和哲学都不外乎如此，阿西莫夫没有预测到如今因特网的迅猛发展，没有预测到如今计算机学科的发展对于机器人学科的巨大推动，更无法预料到人工智能竟然早已走出0和1的二极管范围，直至将来遇到连人脑都无法应付的逻辑学问题。

举个简单易懂的例子，如果有一个杀人犯做了机器人的主人，那么机器人是否要保护他不受其他人类的伤害？如果是，那么就违反了机器人第一原则中的"不可因为疏忽危险的存在而使人类受害"。反之，机器人依旧是间接地伤害了人类。再举一个例子，两个人打架，机器人无论采取什么行动都会违反原则。可见，机器人三原则在人工智能的高速发展时代，已经不能完全适应人类对机器人的要求。

在科学家在技术上改进机器人的同时，从来没有忘记去找寻机器人与人类关系的"解决之匙"。

◆我该怎么办

"神"的后代——机器人

第零原则

◆阿西莫夫："呵呵，又是我。"

1984年，在《机器人与帝国》这本书中，深感三原则局限性的阿西莫夫将三大原则扩展为四大原则。

第零原则：机器人必须保护人类的整体利益不受伤害，其他三条原则都是在这一前提下才能成立。

为什么后来要定出这条"零定律"呢？打个比方，为了维持国家或者说世界的整体秩序，我们制定法律，必须要对一些人执行死刑。这种情况下，机器人该不该阻止死刑的执行呢？显然是不允许的，因为这样就破坏了我们维持的秩序，也就是伤害了人类的整体利益。

所以新的阿西莫夫的机器人定律为：

第零原则：机器人必须保护人类的整体利益不受伤害。

第一原则：机器人不得伤害人类个体，或者目睹人类个体将遭受危险而袖手不管，除非这违反了机器人学第零定律。

第二原则：机器人必须服从人给予它的命令，当该命令与第零原则或者第一原则冲突时例外。

第零原则，能解决长久以来困扰人类的有关机器人的道德伦理问题吗？

第三原则：机器人在不违反第零、第一、第二原则的情况下要尽可能保护自己的生存。

这样修改之后，理想中的机器人看似就可以维护整个人类整体的利益了，只是阿西莫夫还是忽略了一个问题，"人类整体利益"这个连人类都无法确定的名词，只有现阶段低级人工智能的机器人又怎么能保证不"混淆是非"呢？

在钢铁中铸入灵魂

正是因为机器人行为原则定义的不易性,在很长时间里,有很多人都试着提出关于机器人的行为原则。这些原则无一例外,都同时具有先进性和局限性。

令人疑惑的新三原则

大卫·伍兹,一位俄亥俄州立大学的系统工程师,提倡更新这三大原则以认清机器人现在的缺陷。《宇宙》杂志(Space Magazine)引用了他的观点。

1. 什么是新三原则?
2. 你对新三原则有什么看法?

伍兹认为,问题不在于机器人,而在于制造它们的人类。他说,真正的危险在于人类迫使机器人的行为超出了它们的判断决策力。

伍兹和他的同事,得州A&M大学的机器人专家罗宾·墨菲,提出修正机器人三大原则来强调人类对机器人的责任。他们认为在三大原则中应该明确的是,在人—机关系中的"人"应该是智慧的、有责任感的。

他们提出的新三大原则是:第一,人类给予机器人的工作系统应该符合最合法和职业化的安全与道德标准;第二,机器人必须对人类的命令做

◆人类有可能和机器人和谐发展吗

"神"的后代——机器人

出反应，但只能对某种特定的命令做出反应；第三，在不违反第一原则和第二原则的前提下，当人类和机器人判断决策力之间的控制能顺利转换时，机器人对其自身的保护应有一定的自主性。

现在让我们来看一看这个新的三原则。初看上去，似乎没有原来的三原则易于理解，不客气点说，作者也许是想借用语言的模糊性去定义那些不好定义的环节，可是，正如先前所遇到的那个问题，人类如何能让人工智能完美地区分诸如"最合法"、"安全与道德标准"等人类也会难以分辨的名词？

大家不如把目光放在三大原则的前提上，——"人应该是有智慧的，有责任感的"。

新三原则与其说是针对机器人的行为准则，倒不如说是对人类自身的要求。天然智能与人工智能的区别与联系，就在这里淋漓尽致地体现出来。让人类约束好自身，也可以说，让人类约束好"天然智能"，才是人类无忧无虑利用"人工智能"的先决条件。对于天然智能，显然就不属于我们讨论的环节，而跑到社会学的范畴中去了。

 知识窗

第一个死于机器人的人

30多年前，也就是1979年1月25日，距离工业机器人发明公司unimation公司成立20年后，年仅25岁的美国福特工厂装配线工人罗伯特·威廉姆斯，在密歇根州的福特铸造厂被工业机器人手臂击中身亡。这是迄今为止第一例有据可查的工业机器人杀死人类的案件。

前景展望

毫无疑问，没有人会希望人类和机器人不友好相处，和平和共处仍然是人类目前努力追寻的目标。无论是机器人旧三原则、新三原则、第零原则，都诉说着一个朴素的愿望，即机器人和人类能互帮互助，共同推动社会的进步和科学的发展。

ZAI GANGTIEZHONG
ZHURU LINGHUN

在钢铁中铸人灵魂

在机器人的人工智能还停留在很低阶段的现在，人类也许无法预测到将来会出现的种种问题，但是，我们有理由相信，人类的善良和自制会帮助我们良好地发展和机器人的关系。也许有一天，人类和机器人就像同类一样相处，而电影中描绘的灰暗场面永远不会出现。

前面说过，机器人是人类的儿子，"神"的后代，期望若干年后，又会出现一个伊甸园般的美丽世界，这个世界上，不但有人类，还有和人类一起生活的机器人……

拓展思考

1. 你知道最初的机器人三原则是什么吗？
2. 第零号原则是什么？
3. 阿西莫夫对机器人学科有什么贡献？
4. 你能否试着制定出一套机器人的行为准则？

"神"的后代——机器人

机器人世界立法者
——阿西莫夫

在并不算漫长的机器人发展史中，有一个名字是绝对无法被忽略的，那就是阿西莫夫。

阿西莫夫并不是严格意义上的科学家，也不没有机器人研究领域有很高深的造诣，但是机器人的形象，通过他的笔下深入人心，机器人三原则的发表，更冲破了科幻小说与科学的界限，几乎成了以后科

◆阿西莫夫生活照

幻作家创作有关机器人的作品时必须遵循的法则。所以，称阿西莫夫为机器人世界的"立法者"毫不为过。

阿西莫夫的童年

◆阿西莫夫出生地

1920年1月2日，阿西莫夫出生在苏联的彼得洛维奇，三岁时从苏联移居美国。正如他自己所言，从小的生活环境，让阿西莫夫"从感情和教养上来说，都是个彻头彻尾的美国人"。

小时候的阿西莫夫，是个不折不扣的神童，他的父亲是个小店主，正是因为父

在钢铁中铸入灵魂

◆阿西莫夫的《基地》

亲对美国文化没有任何了解,没有时间和能力引导小阿西莫夫往什么方向发展,才使他保持适度的压力,自由地吸取知识,而不是被填鸭式的教育毁掉!

在阿西莫夫还没有上学以前,他就请大一点的孩子在砖块上教他字母的写法和发音,自己学会了识字。阿西莫夫自己说:"我进学校的时候,很惊讶地发现其他孩子识字有困难,更惊讶的是,有些事情对他们解释以后,他们竟然会忘记。就我而言,凡事只需告诉我一遍就行了。"

阿西莫夫的名字叫艾萨克,这大概是除了摩西以外最明显的犹太人名了,他和家人移居到美国的前几年,邻居们觉得有责任提醒他母亲,他的名字等于告诉别人他是犹太人,将来必定会使他处于不利的地位。五岁的阿西莫夫又吼又叫,就是不同意改名字,"我的名字叫艾萨克,艾萨克·阿西莫夫就是我!"

有一次阿西莫夫病了,让母亲替他到图书馆去借书,答应她借什么就看什么。母亲带回一本关于托马斯·爱迪生的书,这也许就是阿西莫夫进入科技世界的入门书。

阿西莫夫开始写作时才11岁。

他习惯于吸收各个学科的知识,从语法到高等代数,从德语到历史都学得很轻松。然而在男子高级中学,有一学期学经济学,阿西莫夫十分惊讶地发现,自己竟然不懂。"这是我生平第一次遇到智力障碍——这门课我就是装不到脑子里去。"

"神"的后代——机器人

名人名言

阿西莫夫的决定

"我开始明白自己其实不是专业人才,每个领域都会有许多专业知识比我丰富的人。他们可以以此为生,赢得荣誉,而我却不能。我是一个通才,几乎对什么事情都有一定的了解。我对自己说,这世界上有成百上千种不同的专才,但是,只会有一个艾萨克·阿西莫夫。我觉得自己卓然超群的感觉比以往任何时候都强烈,或许也更合乎逻辑。"

人生的转向

在经历了辉煌的小学和初高中之后,就读于哥伦比亚大学的阿西莫夫发现,在这里,他仅仅就是一个没有个性的聪明孩子。所以,在经历了研究生考试的坎坷之后,阿西莫夫终于做出了自己的一个重要决定——不再纠结于考试成绩,而是追寻学术上的成就。也就是这个决定,让世界上多了一个伟大的科幻小说作家,少了可能碌碌无为的冒牌科学家阿西莫夫。

1938年6月,他写完一个名叫《宇宙瓶塞钻》的故事,把稿件送到《惊人故事》编辑部,交给小约翰·伍德·坎贝尔。可是不久,就像所有大师的初稿一样,阿西莫夫收到了一封很客气的退稿信。

朋友的力量

20世纪30年代,阿西莫夫加入了一个组织,组织里的青年都像他一样精力充沛且才华横溢,阿西莫夫在那里找到了自己的"同类"。精神上的伙伴使阿西莫夫的创作灵感更加灼热!也为他坚定地走上写作道路提供了精神支持。

阿西莫夫正式发表的第一个科幻故事是《逐出灶神星》,1939年3月刊登在另一家科幻杂志《惊奇故事》上。同年5月,《惊奇故事》发表了他

在钢铁中铸人灵魂

的又一个故事《致命的武器》。1939年7月，坎贝尔的《惊人故事》首次刊登他的作品。

这些作品的发表标志着一个开端。它不仅是阿西莫夫有能力自己支付学费的开端，而且也是他不再受约束获得自由的开端，是他有能力养活自己的开端。

轶闻趣事——爱打扫的母亲

◆阿西莫夫的双亲

《宇宙瓶塞钻》和阿西莫夫早期写的其他7篇故事从未出手，这些都"归功"于阿西莫夫的母亲。她在打扫卫生时自作主张地扔掉了年轻儿子的杂物。可见，一个爱打扫的母亲，对于我们自身是好事，但对于整个科学史，却可能是不折不扣的"危险"。

迈向巅峰

阿西莫夫所处的时代工作很难找。有一次，他争取到了一次某公司高级行政人员面试的机会。阿西莫夫准时前往，却足足等了4个小时那人才露面，而且态度冷漠。他送去的一份仔细装订的博士论文，几天后由邮局退了回来，上面冷冷地注明"小册子"。

世界科幻界三巨头
英国 阿瑟克拉克
美国 阿西莫夫
美国 海因莱因

塞翁失马，焉知非福。找工作彻底失败，从侧面鼓舞了阿西莫夫投入创作的决心，于1941年出版的《黄昏》，后来被认为是阿西莫夫的经典之作，许多人认为是他写得最好的小说，甚至认为是刊登在杂志上的最优秀

"神"的后代——机器人

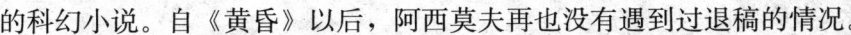

的科幻小说。自《黄昏》以后，阿西莫夫再也没有遇到过退稿的情况。

1950年1月19日，道布尔戴出版公司出版了阿西莫夫的第一本科幻小说《天空中的小石子》，这标志着他的文学生涯迈出了一大步。

而于这期间所提出的"机器人三原则"，为机器人建立了一套行为规范和道德准则，从而演绎出一系列推理性和逻辑性极强的漂亮故事。这不仅成为了阿西莫夫生命中恒久的闪光点，也让科幻作家从此之后"有法可依，有章可循"。

名人名言

我们永远也无法知晓，究竟有多少第一线的科学家由于读了阿西莫夫的某一本书、某一篇文章或某一个小故事而触发了灵感；也无法知晓有多少普通的公民因为同样的原因而对科学事业寄予深情……我并不为他而担忧，而是为我们其余的人担心——我们身旁再也没有阿西莫夫激励年轻人奋发学习和投身科学了。

——美国著名天文学家兼科普作家卡尔·萨根

链接——阿西莫夫的科普作品

阿西莫夫的著名科普作品有：
《原子核能的故事》
《洞察宇宙的眼睛——望远镜的历史》
《变！未来七十一瞥》
《古今科技名人辞典》
《原子内幕》
《生命和能》
《我，机器人》
《阿西莫夫论化学》
《塌缩中的宇宙》
《数的趣谈》

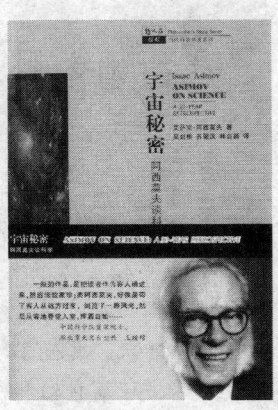

◆阿西莫夫的科普作品

在钢铁中铸人灵魂

《太空镇上的谋杀案》
《走向宇宙的尽头》

高产的阿西莫夫，却决不是"以多取胜"，他不仅通晓现代科学的许多前沿课题，而且也非常熟悉科学研究的思维方法和科学技术的发展历程；再深奥的科学知识，一经他的妙笔点缀，读来便毫无生硬之感。

请看《台球》中他对于极其抽象的物理学上的所谓"两场论"的描述："请把宇宙想象为一块又平又薄、柔韧性极强、不会碎裂的橡胶板。如果我们把质量这个概念同地球表面上的重量概念联系起来，就可以想到质量会使橡胶板形成凹陷。质量越大，凹陷越深。"

再请看他在《无穷之路》一书中对"黑洞"的精彩描绘："阿西莫夫的体重是 74.8 千克，假如阿西莫夫被压缩成一个黑洞，那么他的直径就只有 2.22×10^{-25} 米。"

在阿西莫夫的科普作品中，内容的广泛性与叙述的逻辑性有着完美的统一。他能在极其广阔的知识背景中牢牢地把握住写作的主线，从而挥洒自如、一气呵成。在他的科普作品中，科学性与通俗性也有着高度的统一。他经常在书的开头，就提出种种引人入胜的问题，从而能在一开始就从心理上抓住读者；紧接着的展开部分叙述之生动更不待言，结尾部分则更以其丰富的想象力和展望性而使人感到余韵无穷。阿西莫夫的许多作品又是现代性与历史感高度统一的典范，血肉饱满的科学过程往往使他的通俗读物兼具普及功能与学术价值。

广角镜——高产的阿西莫夫

艾萨克·阿西莫夫（1920～1992）是有史以来著述最丰的作家之一。据这位俄裔美国人最后一卷自传所附书目统计，其已出版的著作达 470 部之多。其中非小说类作品共 269 种，包括科学总论 24 种、数学 7 种、天文学 68 种、地球科学 11 种、化学和生物化学 16 种、物理学 22 种、生物学 17 种、科学随笔集 40 种、科幻随笔集 2 种、历史 19 种、有关《圣经》的 7 种、文学 10 种、幽默与讽刺 9 种、自传 3 卷、其他 14 种；小说类作品共 201 种，含科学幻想小说 38 部、探案小说 2 部、短篇科幻和短篇故事集 33 种、短篇奇幻故事集 1 种、短篇探案故事集 9 种，此外还主编科幻故事集 118 种。

"神"的后代——机器人

不仅如此,在所有的外国作家中,著作在中国内地的译本达上百种之多的,似乎也就是阿西莫夫独一家。若论中译本数量最多的外国作家,也许并不是莎士比亚、托尔斯泰这样的经典作家,也不是阿加莎·克里斯蒂这样类型的小说作家,而是以科学为主要题材的阿西莫夫。

拓展思考

1. 阿西莫夫的成长经历对你有什么启发?
2. 你是否读过阿西莫夫的著作?
3. 阿西莫夫为何被人称为科学时代的伟大"讲解员"?

玩转机器人

在钢铁中铸人灵魂

玩转机器人

众说纷纭
——机器人的分类

◆影片中的多种机器人

机器人发展至今，可说是"几代同堂"的一个大家族，那么这个家族中都有哪些成员呢？机器人又是按照什么分类规则划分的呢？看过本节之后，你就会得到这些问题的答案。

按发展阶段划分类

按照机器人的三个发展阶段，我们可以把机器人分成三类，一种是第一代机器人，也叫示教再现型机器人，它是通过一个计算机，来控制一个多自由度的机械，通过示教存储程序和信息，工作时把信息读取出来，然后

◆智能机器人幻想图

· 32 ·　　　　　　　　　　　　　　　"玩转科学"系列

"神"的后代——机器人

◆能抓起鸡蛋的机器手

发出指令。这样,机器人可以反复根据人当时示教的结果,再现出这种动作。比方说汽车的点焊机器人,只要把这个点焊的过程示教完以后,它就总是重复这样一种工作,它对于外界的环境没有感知,这个操作力的大小,这个工件存在不存在,焊得好与坏,它并不知道。

在20世纪70年代后期,人们开始研究第二代机器人,名为带感觉的机器人。这种带感觉的机器人具有类似人类的某种功能的感觉,比如说力觉、触觉、滑觉、视觉、听觉等。例如,机器人在抓一个物体的时候,实际上力的大小能被机器人本身感觉出来,也有的机器人能够通过视觉,感受和识别物体的形状、大小、颜色。

第三代机器人,是机器人学中所追求的最高级的一个理想阶段,叫智能机器人,只要告诉它做什么,不用告诉它怎么去做,它就能完成动作。感知思维和人机通信的这种功能和机能,这在目前的发展阶段还只是在局部有这种智能的概念和含义,真正完整意义上的这种智能机器人实际上还不存在。不过随着我们科学技术的不断发展,智能的概念越来越丰富,它的内涵会越来越宽。

从应用角度分类

从应用角度来说,我们可以把机器人分为很多类,比如说工业机器人,它包括点焊、弧焊、喷漆、搬运、码垛。在工业现场中工作的这种机器人,我们统称为工业机器人。此外还有水下机

除了文中提到的机器人,从应用角度来说,你还了解哪些机器人的种类?

ZAI GANGTIEZHONG
ZHURU LINGHUN
在钢铁中铸人灵魂

器人、空间机器人、医疗机器人、娱乐机器人,建筑和居室用的机器人等。

　　随着机器人技术的发展和机器人应用的推广,今后必然会出现越来越多的机器人种类,第四代、第五代机器人的出现也不能算是完全的"天方夜谭",这些,都还需要我们广大爱好者的"狂热"和不懈努力。

拓展思考

1. 上网查找一些机器人的图片,试着分辨出个属于哪些机器人类型。
2. 机器人分类的方式有哪些?
3. 第三代机器人有什么特点?

玩转机器人

"神"的后代——机器人

终结者追杀机器猫
——现代机器人的发展概况

现代机器人,正以其先进的技术和重要的使用价值,占据着世界科学学科的很大比例,同时也因为其高仿人的外观,或可爱,或威风的形象,吸引着一般科学爱好者的目光。

那么,在世界上,究竟谁才是现代机器人技术的龙头大哥?哪个国家的机器人技压群雄?本节我们就来介绍一下关于机器人发展的概况。

◆美国机器人

两大龙头

◆日本仿人机器人

说到当今机器人技术的领先者,当之无愧的属于有"机器人王国"美誉的日本和创造出第一个家用机器人 Elektro 的美国。

机器人在日本

20世纪60年代末,日本正处于经济高速发展时期,年增长率达11%。但是由于第二

在钢铁中铸人灵魂

◆日本机器人的发展

次世界大战，日本的劳动力愈加紧张，而高速度的经济发展更加剧了劳动力严重不足的困难。为此，日本在1967年由川崎重工业公司从美国 Unimation 公司引进机器人及其技术，建立起生产车间，并于1968年试制出第一台川崎的"尤尼曼特"机器人。

由于日本当时劳动力显著不足，机器人在企业里受到了"救世主"般的欢迎。日本政府也在经济上采取了积极的扶植政策，鼓励发展和推广应用机器人，从而更进一步激发了企业家从事机器人产业的积极性。

为什么1980年被定为"产业机器人的普及元年"？

一系列扶植政策，使日本机器人产业迅速发展起来，经过短短的十几年，到20世纪80年代中期，日本已一跃而为"机器人王国"，其机器人的产量和安装的台数在国际上跃居首位。按照当

美日在机器人发展和定义上有何异同？

时日本产业机器人工业会常务理事米本完二的说法："日本机器人的发展经过了60年代的摇篮期，70年代的实用期，到80年代进入普及提高期。"1980年正式被定为"产业机器人的普及元年"，开始在各个领域内广泛推广使用机器人。

"神"的后代——机器人

日本政府和企业充分信任机器人,大胆使用机器人。机器人也没有辜负人们的期望,它在解决劳动力不足、提高生产率、改进产品质量和降低生产成本方面,发挥着越来越显著的作用,成为日本保持经济增长速度和产品竞争能力的一支不可缺少的队伍。

日本在汽车、电子行业大量使用机器人生产,使日本汽车及电子产品产量猛增,质量日益提高,而制造成本则大为降低。从而使日本生产的汽车能够以价廉的绝对优势进军号称"汽车王国"的美国市场,并且向机器人诞生国出口日本产的实用型机器人。此时,日本价廉物美的家用电器产品也充斥了美国市场……这使"山姆大叔"后悔不已。日本由于制造和使用机器人,增强了国力,获得了巨大的好处,迫使美、英、法等许多国家不得不采取措施,奋起直追。

机器人在美国

美国是机器人的诞生地,早在1962年就研制出世界上第一台工业机器人,比起号称"机器人王国"的日本起步至少要早五六年。经过30多年的发展,美国现已成为世界上的机器人强国之一,基础雄厚,技术先进。综观美国机器人的发展史,无疑道路是曲折的。

美国政府从20世纪60年代到70年代中的十几年期间,并没有把工业机器人列入重点发展项目,只是在几所大学和少数公司开展了一些研究工作。对于企业来说,在只看到眼前利益,政府又无财政支持的情况下,宁愿错过良机,固守在使用刚性自动化装置上,也不愿冒着风险,去

◆美国机器人技术水平较高

应用或制造机器人。加上当时美国失业率高达6.65%,政府担心发展机器人会造成更多人失业,因此不予投资,也不组织研制机器人,这不能不说

在钢铁中铸人灵魂

ZAI GANGTIEZHONG
ZHURU LINGHUN

◆美国空间机器人

◆日本仿人机器人

是美国政府的战略决策错误。70年代后期，美国政府和企业界虽有所重视，但在技术路线上仍把重点放在研究机器人软件及军事、宇宙、海洋、核工程等特殊领域的高级机器人的开发上，致使日本的工业机器人后来居上，并在工业生产的应用上及机器人制造业上很快超过了美国，产品在国际市场上形成了较强的竞争力。

进入20世纪80年代之后，美国才感到形势紧迫，政府和企业界才对机器人真正重视起来，在政策上也有所体现，一方面鼓励工业界发展和应用机器人。另一方面制订计划、提高投资，增加机器人的研究经费，把机器人看成美国再次工业化的特征，使美国的机器人迅速发展。

20世纪80年代中后期，随着各大厂家应用机器人的技术日臻成熟，第一代机器人的技术性能越来越满足不了实际需要，美国开始生产带有视觉、力觉的第二代机器人，并很快占领了美国60％的机器人市场。尽管美国在机器人发展史上走过一条重视理论研究，忽视应用开发研究的曲折道路，但是美国的机器人技术在国际上仍一直处于领先地位。其技术全面、先进，适应性也很强。

美国机器人的特点在于：

1. 性能可靠，功能全面，精确度高；

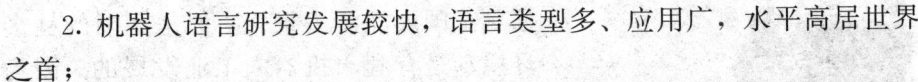

"神"的后代——机器人

2. 机器人语言研究发展较快，语言类型多、应用广，水平高居世界之首；

3. 智能技术发展快，其视觉、触觉等人工智能技术已在航天、汽车工业中广泛应用；

4. 高智能、高难度的军用机器人、太空机器人等发展迅速，主要用于扫雷、布雷、侦察、站岗及太空探测方面。

谁更强？

在比较时，我们都喜欢问一个简单而直观的问题，谁更强？

在机器人的数量上，日本无疑是领先的，但是比较滑稽的是，1982年拥有47000台机器人的日本本土，在美国人的定义里却只剩下可怜的3000台。当然，定义之间的差别，并不影响到美日作为机器人大国、强国的本质。

可以说，日本和美国发展机器人的重心不同，简而言之，就是日本较为注重工业和民用机器人的发展，而美国较为注重高科技机器人，例如空间机器人的发展。

在日本，工业机器人应用得最多的工业部门依次为家用电器制造、汽车制造、

◆德国 kuka 机器人

塑料成型、金属加工等行业。在美国，则是制造工业中的焊接、装配、搬运装卸、铸造和材料加工。目前，美国有35％的机器人用于汽车工业。

其他国家机器人的发展情况

当然，世界上机器人发展的先进国家不仅仅是日本和美国。德国工业机器人的总数占世界第三位，仅次于日本和美国。它比英国和瑞典引进机器人大约晚了五六年。其所以如此，是因为德国的机器人工业一起步，就

ZAI GANGTIEZHONG
ZHURU LINGHUN

在钢铁中铸人灵魂

遇到了国内经济不景气。但是德国的社会环境却是有利于机器人工业发展的。因为战争，导致劳动力短缺，以及国民技术水平高，这些都是推广使用机器人的有利条件。到了20世纪70年代中后期，政府采用行政手段为机器人的推广开辟道路；在"改善劳动条件计划"中规定，对于一些有危险、有毒、有害的工作岗位，必须以机器人来代替普通人的劳动。这个计划为机器人的应用开拓了广泛的市场，并推动了工业机器人技术的发展。德国看到了机器人等先进自动化技术对工业生产的作用，提出了1985年以后要向高级的、带感觉的智能型机器人转移目标。经过近20年的努力，其智能机器人的研究和应用在世界上处于公认的领先地位。

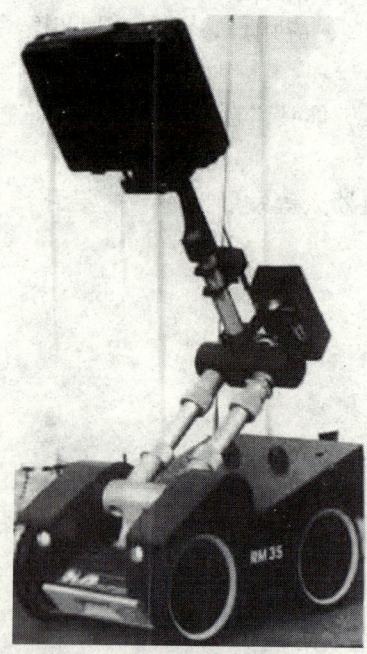

◆法国 RM35 爆炸物处理机器人

法国不仅在机器人拥有量上居于世界前列，而且在机器人应用水平和应用范围上处于世界先进水平。这主要归功于法国政府一开始就比较重视机器人技术，特别是把重点放在开展机器人的应用研究上。法国机器人的发展比较顺利，主要原因是通过政府大力支持研究计划，建立起一个完整的科学技术体系。即由政府组织一些机器人基础技术方面的研究项目，而由工业界支持开展应用和开发方面的工作，两者相辅相成，使机器人在法国企业界很快得到发展和普及。

俄罗斯从理论和实践上探讨机器人技术是从20世纪50年代后半期开始的。到

◆俄罗斯机器人

"神"的后代——机器人

WANZHUAN JIQIREN

了 50 年代后期开始了机器人样机的研究工作。1968 年成功地试制出一台深水作业机器人，1971 年研制出工厂用的万能机器人。早在苏联第九个五年计划（1970 年～1975 年）开始时，就把发展机器人列入国家科学技术发展纲领之中。到 1975 年，已研制出 30 个型号的 120 台机器人，经过 20 年的努力，俄罗斯的机器人在数量、质量水平上均处于世界前列。国家有目的地把提高科学技术进步当作推动社会生产发展的手段，来安排机器人的研究制造；有关机器人的研究生产、应用、推广和提高工作，都由政府安排，有计划、按步骤地进行。

拓展思考

1. 日本为何被称为"机器人王国"？
2. 美国在与日本的竞争中处于什么地位？
3. 世界各国在机器人领域取得了怎样的成就？

玩转机器人

"玩转科学"系列　　　　　　　　　　　　　　　　　　　　· 41 ·

玩转机器人

ZAI GANGTIEZHONG
ZHURU LINGHUN
在钢铁中铸人灵魂

动力，发展
——我国机器人的概况

◆中国机器人比赛场景

机器人学的发展，已经对许多国家的工业生产、太空和海洋探索、国防以及整个国民经济和人民生活产生了重大影响，而且这种影响必将进一步扩大。

理所当然的，我国也已将智能机器人列入国家高技术计划。纵观现在的国内外发展趋势和市场，可以说，我国机器人产业的发展正面对着绝好的机会和挑战。

低起点，快发展

由于我国劳动力长期呈现充足甚至过剩的态势，所以在早期较长一段时间里，我国的工业机器人发展很缓慢，这一点和日本正好相反。

讲究色香味的中国菜是我们的"国粹"，第一个会做中国菜的烹饪机器人名叫"爱可"。

我国工业机器人技术的开发研究从20世纪70年代才开始起步。"七五"期间国家终于把工业机器人列为重点科技攻关项目，开发了五类机型，机器人技术得到迅速发展，并选择汽车工业作为机器人应用工程开发的试点行业，这一段时间，相继创造了我国机器人行业的多项第一：

· 42 ·　　　　　　　　　　　　　"玩转科学"系列

"神"的后代——机器人

第一台喷漆机器人、中国第一台龙门框架式高压水切割机器人、第一台公路客车用移动龙门式仿形喷涂机、中国第一台全电动喷漆机器人、中国第一条机器人自动喷漆生产线"东风汽车喷漆生产线"、中国第一台基因提取操作机器人。

这么多聚集在 20 世纪 80 年代的第一说明了我国机器人的快速发展,也说明了低起点的现实。

从 20 世纪 80 年代至今,机器人工程中心经历了从单机开发向多机工作站和整条机器人自动化生产线的发展。工业机器人逐步应用于生产中。随着我国工业机器人市场的不断扩大,世界各大机器人公司纷纷登陆中国市场!

◆海龙2号

现在看来,国产工业机器人的功能已与国外相当,但是造就一个或几个中国品牌的工业机器人还需要市场支持。

另外值得骄傲的是,我国高科技机器人技术发展并不落后,应该说继日本、美国、俄罗斯和法国、德国之后,就要数我们中国。在诸如空间机器人、水下机器人、医疗机器人等领域,中国有了长足的发展,并已经具有和世界先进技术一争高下的底气。

令人兴奋的是,据报道我国将于 2011 年左右发射一个卫星,卫星上有"空间机器人"的机械臂进行操作。大卫星上的机械臂抓着小卫星,将小卫星释放出去,然后追踪小卫星,到一定时候再把小卫星"抓"回来。

目前哈尔滨工业大学承担了这一"空间机器人"机械臂的研究工作。如果此次"空间机器人"机械臂实验成功,将成为我国首个送入太空的机器人。遗憾的是,由于此机器人尚未问世,所以没有图片供大家先睹为快。

ZAI GANGTIEZHONG
ZHURU LINGHUN

在钢铁中铸人灵魂

此外，在水下机器人的研究领域，2009年面世的"海龙2号"是中国自主研制的下潜深度最大的水下机器人。"海龙2号"高约3.8米，长宽均为1.8米左右，最大能提取250千克的物品，是中国目前仅有的能在3500米水深、海底高温和复杂地形的特殊环境下开展海洋调查和作业的最高精技术装备。"海龙2号"除了下探深度出众外，还在国际上首次采用了一些自主研发的先进技术，包括虚拟控制系统和动力定位系统。

现在，研究人员将目光投向了更深一步的4500米，并希望在2012年实现对该深度的深海试验，向着最终的目标——11000米的海洋极限深度进一步迈进。

名人介绍——中国机器人之父

◆蒋新松

蒋新松，江苏省江阴人，1931年8月生，1997年3月逝世，中国工程院院士。

1956年毕业于上海交通大学，分配到中国科学院自动化研究所工作，1965年调到中国科学院沈阳自动化研究所工作。原中科院沈阳自动化研究所所长、研究员、博士生导师，863自动化领域首席科学家。曾任清华大学、上海交通大学、中国科技大学等兼职教授，中国自动化学会、中国机器人学会、中国人工智能协会的副理事长，中国自动化学会刊物《信息与控制》《机器人》主编，国际自动控制联合会（IFAC）生产组织专业委员会委员，IEEE协会系统、人和控制论1998年国际学术会议主席，北京国际高级机器人研讨会主席，北京国际CIMS讨论会主席。

蒋新松的一生是为科学而献身的一生。他坚持在鞍钢生产现场奋斗十多年，先后研制成功生产现场急需的1200毫米可逆冷轧机的准确停车、复合张力调节和自适应厚度控制三项成果，1978年获中国科学院重大科技成果奖和全国科学大会重大成果奖。他作为我国机器人研究开拓者之一，在国内率先开展机器人研究，领导并直接参与我国第一台计算机控制的工业机器人和水下机器人的研制；

"神"的后代——机器人

领导开发出水下机器人产品系列及新型工业机器人和特种机器人产品,创建我国水下机器人产业;组建机器人示范工程和机器人学开放实验室;参与国家863计划的制定,连任四届863计划自动化领域首席科学家,为我国CIMS和智能机器人研究发展和跻身世界行列做出了成就和贡献。1994年被选为首批中国工程院院士。获国家有突出贡献的优秀专家、全国"五一"劳动奖章、辽宁省劳动模范、辽宁省优秀专家、中国工程院的"中国工程科技奖"。

点击——哈尔滨工业大学

哈尔滨工业大学是隶属于工业和信息化部的全国重点大学,创建于1920年。1954年哈工大进入国家首批重点建设的6所高校行列,1984年再次被确定为国家重点建设的15所大学之一,1996年首批进入国家"211工程"重点建设的院校,1999年被确定为国家"985工程"重点建设的9所大学之一。

◆哈尔滨工业大学

哈工大机器人研究所创建于1986年,在哈工大邵逸夫科技馆内,现有实验室面积2000平方米,机器人、计算机工作站等固定资产2000万元。机器人研究所是我国第一个建立机电控制及自动化(现机械电子工程)学科博士点的单位,具有机械、电子、自动控制、计算机等多学科交叉的优势,是哈工大"211"工程重点建设学科之一,有70多名硕士、博士研究生及博士后在这里从事科研工作。

资料库——ABU Robocon机器人大赛简介

亚洲广播电视联盟亚太地区机器人大赛(简称ABU-ROBOCON,以下同)

在钢铁中铸人灵魂

是由亚广联节目部发起的致力于培养各国青少年对于开发、研制高科技的兴趣与爱好,提高各参与国的科技水平,为机器人工业的发展发掘培养后备人才的一项重要赛事。

ABUROBOCON机器人大赛是有别于其他国内或国际各种机器人竞赛的比赛。

始于2002年的"亚太大学生机器人大赛"(ROBOCON,ABUAsia—Pacific Robot Contest),是由中国、日本、泰国、新加坡和印度尼西亚组成理事会的"亚洲太平洋广播联盟"(亚广联)举办的每年一度的重大国际性赛事。比赛的宗旨是着力培养各国青少年对于高科技的兴趣与爱好,提高各参与国的科技水平,为机器人工业的发展发掘和培养后备人才。各个亚广联的成员机构都有权参加该项目的比赛,但参赛的对象仅限于各国的大学生或者工科院校的学生。

除了每年的承办国之外,其他国家或地区每年只能有一支参赛队代表国家出征ABU—ROBOCON。

此活动的前身是日本广播协会的机器人比赛,该项赛事从1988年开始,于1989年成为日本NHK每年的赛事,命名为"全日本机器人大赛"。1990年开始第一次邀请除日本之外的国外代表队参赛,成为一项国际性比赛,当时中国曾于1998年获得第三名的好成绩。

2000年3月,"亚广联亚太地区机器人大赛"第一次筹备会议在日本举行,在此次会议上成立了"亚广联亚太地区机器人大赛"筹备委员会,并选举了6个

◆比赛场景

"神"的后代——机器人

常任理事机构（中国CCTV，日本NHK，韩国KBS，新加坡TCS，泰国，印尼）。

同年9月份，6个常任理事机构的代表在泰国举行了第一届"亚广联亚太地区机器人大赛"董事会，并且确定了"亚广联亚太地区机器人大赛"的章程、规则以及赞助方式等。

从2001年起，ABUROBOCON机器人大赛正式诞生，一年一度，它由每个国家举办的国内赛和随后由主办国举办的全亚太地区的国际赛组成。

◆2009年的大赛在东京

展望未来

◆机器人在青少年中普及

目前，我国有从事机器人研发和应用工程的单位200多家，拥有量为3500台左右，其中国产占20%，其余都是从日本、美国、瑞典等40多个国家引进的。机器人产业为国民经济产生的年收益额为47亿元。

与国外相比，我国机器人的拥有量还很少，随着我国国民经济的持续高速发展，适应加快实现经济结构调整和产业升级，提高整个工业的自动化水平的需要，我国机器人技术将取得高速发展。

我们有理由期望，中国机器人产业在无数科学家和从业者的努力下，将会不惧任何挑战，敏锐地把握住高速发展的机会，在机器人，特别是工业机器人的发展道路上，披荆斩棘，勇往直前，机器人将会对我国技术经济的发展起到不可替代的作用！

ZAI GANGTIEZHONG
ZHURU LINGHUN

在钢铁中铸人灵魂

拓展思考

1. 我国机器人发展现状如何？
2. 我国机器人在哪些领域已经处于先进水平？
3. 通过课外阅读，说说我国机器人发展侧重于哪些方面？
4. 处于我国机器人研究先进领域的组织有哪些？

玩转机器人

"神"的后代——机器人

你也可以
——关于简易机器人

爱好,是一件很伟大的东西,再没有比爱好更让人不会厌烦,又能获得知识的了!你知道吗,制作机器人,其实也能成为一种爱好。

经过了前面章节的介绍,对机器人感兴趣的你一定想拥有自己的机器人。其实,制作机器人并非是一件很复杂、很神秘的事,只要你愿意,自己的客厅,就能成为机器人生产的车间。

本节,我们就简单地介绍一些有关机器人制作的内容。事实上,只需要一点点热情和创造力,你就可以走入机器人的世界。

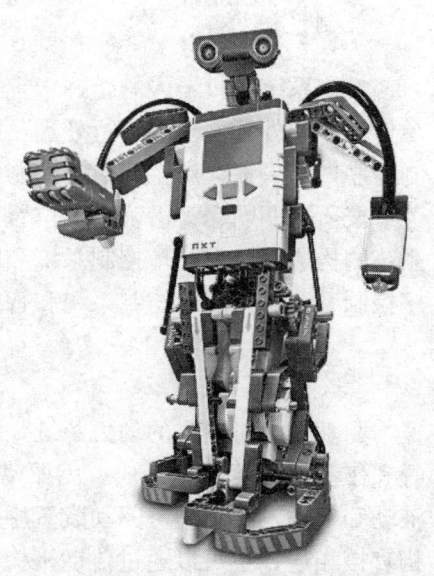
◆乐高机器人

关于简易机器人

那么,首先让我们来看一看简易机器人是由哪几部分组成的。

一个简易机器人,大体上由机械本体、控制系统、传感器和驱动器等4部分组成。而视你所制作的机器人复杂程度,这4部分也相应的复杂或简易。

机械本体

机械本体,是机器人赖以完成作业任务的执行机构,一般是一台机械

在钢铁中铸入灵魂

手,也称操作器或操作手,可以在确定的环境中执行控制系统指定的操作。典型工业机器人的机械本体一般由手部(末端执行器)、腕部、臂部、腰部和基座构成。机械手多采用关节式机械结构,一般具有 6 个自由度,其中 3 个用来确定末端执行器的位置,另外 3 个则用来确定末端执行装置的方向(姿势)。机械臂上的末端执行装置可以根据操作需要换成焊枪、吸盘、扳手等作业工具。

控制系统

控制系统是机器人的指挥中枢,相当于人的大脑功能,负责对作业指令信息、内外环境信息进行处理,并依据预定的本体模型、环境模型和控制程序做出决策,产生相应的控制信号,通过驱动器驱动执行机构的各个关节按所需的顺序、沿确定的位置或轨迹运动,完成特定的作业。从控制系统的构成看,有开环控制系统和闭环控制系统之分;从控制方式看有程序控制系统、适应性控制系统和智能控制系统之分。

驱动器

驱动器是机器人的动力系统,相当于人的心血管系统,一般由驱动装置和传动机构两部分组成。因驱动方式的不同,驱动装置可以分成电动、液动和气动三种类型。驱动装置中的电动机、液压缸、气缸可以与操作机构直接相连,也可以通过传动机构与执行机构相连。传动机构通常有齿轮传动、链传动、谐波齿轮传动、螺旋传动、带传动等几种类型。

传感器

传感器是机器人的感测系统,相当于人的感觉器官,是机器人系统的重要组成部分,包括内部传感器和外部传感器两大类。内部传感器主要用来检测机器人本身的状态,为机器人的运动控制提供必要的本体状态信息,如位置传感器、速度传感器等。外部传感器则用来感知机器人所处的工作环境或工作状况信息,又可分成环境传感器和末端执行器传感器两种类型;前者用于识别物体和检测物体与机器人的距离等信息,后者安装在末端执行器上,检测处理精巧作业的感觉信息。常见的外部传感器有力觉传感器、触觉传感器、接近觉传感器、视觉传感器等。

"神"的后代——机器人

书籍推荐——你需要这些

那么，制作机器人需要些什么呢？

在这里先推荐几本图书，一是林以敏主编，机械工业出版社出版的《机器人制作》，书中主要介绍了：走进机器人、漫步机器人、寻迹机器人、走迷宫机器人、灭火机器人、相扑机器人、足球机器人、唱歌机器人、越野机器人和仿生机器人。其主要内容包括教学机器人的构成、电动机驱动、单片机（MCS－51系列单片机的编程实践训练）、传感器和通信技术等。

还有一本是《机器人制作入门篇》和《机器人制作提高篇》，美国人库克著，北京航空航天大学出版社出版。这部书是最简单最深入浅出的讲解机器人制作的书籍，目前国内出版的讲述机器人制造的书籍中数这部书是最好的，可以让零基础的人逐渐提高并顺利制造出简单的可编程机器人。书里不仅会提供你最实用的知识，以最简单的方法教会你制作机器人，而且会告诉你所有需要的工具和材料，还有购买方法。但是书中有些材料在国内很难买到，可以采取邮购等方式获得。

◆《机器人制作》

◆《机器人制作入门篇》

在钢铁中铸人灵魂

乐高机器人

乐高机器人是乐高玩具的分支，乐高公司创办于丹麦，至今已有65年的发展历史。1998年，乐高教育推出的头脑风暴"RCX课堂机器人"系列改变了世界的潮流和传统的科技教育。这一独创性的学习工具将乐高强大的积木式搭建系统、电脑编程和丰富的课堂活动有效地结合在一起，让机器人爱好者有机会发挥想象力来设计自己的机器人。

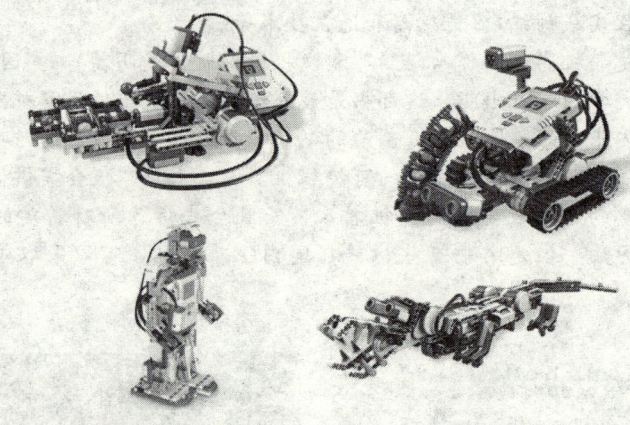

◆风靡全球的乐高机器人

乐高是一款机器人套装，包含各式各样的机器人部件，结合自己独特的想象力，能打造出属于自己的独一无二的机器人，且可以任意拆装组合。对于零基础的爱好者来说，乐高机器人无疑是最好的选择，但同时，可能也是最昂贵的选择。

FLL 比赛

FLL（FIRSTLEGOLeague）世界锦标赛是1998年由美国FIRST非盈利性机构和丹麦乐高集团合作主办的针对9~16岁孩子的国际性机器人比赛。

由发明家迪安·卡门（Dean Kamen）创立的FIRST机构（ForInspir-

"神"的后代——机器人

◆比赛场景

ationandRecognitionofScienceandTechnology）目的是激发青少年对科学与技术的兴趣。

参赛队伍由10名队员组成，队员们需要建设团队、解决问题和分析思考。每年9月份，由教育专家及科学家们精心设计的FLL挑战内容将通过网络，全球同步公布。挑战任务由机器人竞赛和主题研究项目两个部分组成。

挑战项目公布后，他们将在接下来的时间使用乐高机器人技术组件和软件，加上传感器、马达、齿轮、各种乐高技术积木件等来制作全智能机器人参加比赛！他们也需要在网上查找资料、向科学家请教、查阅图书馆资料，完成一份FLL要求的调查报告。报告的内容通常是与当今世界上机器人领域面临的问题紧密相联的。

FIRSTLEGO League 的核心理念

我们是一个团队。

我们在教练和辅导员的指导下，自己努力地去寻找问题的解决方案。

我们的宗旨是友谊第一，竞赛第二。

我们更重视比赛过程中的收获。

在钢铁中铸人灵魂

我们乐意分享我们的经验和成果。

我们做每件事都要体现高尚的职业修养。

我们很快乐。

FLL 的影响

从比赛开展以来，FIRST 已经对学生和学校产生了积极的影响，FIRST 创始人 Dean Kamen（迪安·卡门）说，"我们需要给孩子们展示，设计游戏比玩游戏更有趣。"；"参加 FLL 比赛，孩子们发现了他们自己职业发展方向，并且学会了如何去为社会作出积极的贡献。"2009 年是 FLL 比赛的第 10 个年头，迎来了规模最大的赛季，全世界有超过 90000 名孩子参与了选拔赛和冠军锦标赛。

到 2006 年为止，有 44 个国家和地区的孩子参与到 FLL 比赛中，有澳大利亚、奥地利、巴林、比利时、巴西、加拿大、智利、中国、丹麦、埃及、法罗群岛、芬兰、法国、德国、格陵兰岛、香港、匈牙利、冰岛、印度、以色列、日本、约旦、立陶宛、卢森堡公国、墨西哥、荷兰、新西兰、尼日利亚、挪威、巴勒斯坦、秘鲁、葡萄牙、沙特阿拉伯、新加坡、南非、韩国、西班牙、瑞士、瑞典、中国台湾、土耳其、阿拉伯联合酋长国、英国、美国。

FLL 在 2003 年引进中国。

广角镜——历届 FLL 比赛主题

2010 年智能交通。

2009 年明智之举。

2008 年气候影响：研究气候对你的社区是如何产生影响的，确认在你的社区里跟气候相关的一个问题，分析与这个问题相关的数据并寻找你的社区针对这个问题是如何去做的，寻找与你社区有同样问题的另外一个社区，并确认他们是如何解决的。

2007 年破解能源：我们如何解决能源问题、房屋供暖、汽车燃油、手机供电、电脑供电，甚至用 iPod 下载音乐。我们如何利用能源改进我们全球的环境、经济和生活？我们可以使用哪些资源，为什么？例如能源的产品和消耗影响着行星和我们今天、明天和未来的生活。

"神"的后代——机器人

◆FLL比赛聚集着世界各地的机器人爱好者

2006年纳米科技：通过一部超强的自动显微镜，我们进入陌生的原子世界，我们如同幻想家和科学家一样，在纳米世界里，开始探索医学、计算机等各领域的新技术。

2005年海洋奥德赛：探索地球最宝贵的资源——神秘的海洋，占地球总面积3/4的海洋，对地球上的所有生命都是至关重要的，但是它又是那么脆弱，污染、不合理开发等给它带来无法想象的伤害。现在，它需要我们的帮助。

2004年无限关爱：帮助社会上需要帮助的人，考虑他们的特殊需要，为他们研究和提供机器人技术解决方法，使他们在日常生活中能像平常人一样活动和完成某些任务。

2003年火星探险：想象我们踏上火星，探索这个红色星球的景象。通过开启令人着迷的火星世界，团队经历了科学家和太空工程师才会面临的相似的挑战。

2002年城市风光：探索城市规划者所面临的挑战。这些挑战包括提供一些基础性的服务，如水质清洁、城市安全系统、教育、可承受的能量和城市居民的聚居地。

2001年火山恐慌：科学地搜集数据，精确预报火山爆发的时间和性质，帮助人们把火山爆发带来的损失降至最小。

2000年北极印象：到遥远的北极去旅行，研究全球气候变化和全球变暖对人类的潜在影响。

ZAI GANGTIEZHONG
ZHURU LINGHUN

在钢铁中铸人灵魂

1999年第一次接触：调查一个被不明飞行物撞击破坏的国际空间站。
1998年引领未来。

拓展思考

1. 简易机器人的制作需要哪些准备？
2. 简易机器人分哪几个部分？
3. 简述一下，如何制作简易机器人？

玩转机器人

守护的"天使"
——我们身边的机器人

机器人以其独特的魅力成为了现代科学的"时尚"学科，更有人将 21 世纪称为"机器人的世纪"。我们了解机器人，制造机器人，努力使机器人在各个领域发挥更大的作用，你知道在你身边出现的和即将出现的机器人都属于哪些种类？有着怎样的外表吗？

本篇，我们就来一起其领略一下这些堪称"人类守护者"的风采。

守护的"天使"——我们身边的机器人

WANZHUAN JIQIREN

我本无害
——家用机器人

看惯了好莱坞大片里上天入地、无孔不入的机器人,我们会不知不觉对机器人产生恐惧的情绪。其实,机器人也很可爱,也会拥有甜美的笑容和憨厚的性格,甚至还可以帮助我们做妈妈交给的最不愿处理的家务。

这一节,就让我们走进那些与我们朝夕相处的机器人。你会发现,与机器人交个朋友也是那么的惬意和舒心。

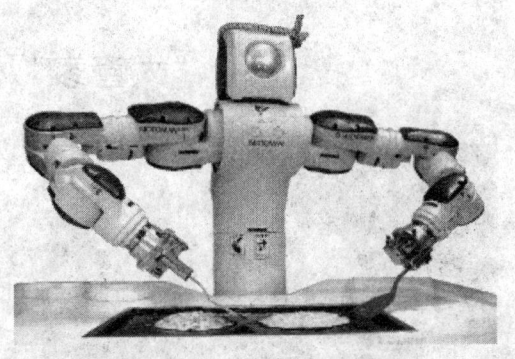
◆日本家居机器人

玩转机器人

生活好帮手——保洁机器人

保洁机器人在家庭机器人中可以说是最先应说的,因为我们最不愿意做的,就是那些重复性高、技术性低的打扫工作。

我们来看看中国第一款自主研发的智能家居机器人——kv8保洁机器人。

保洁机器人的外观看起来并不起眼,可是当之无愧可以说是"五脏俱全",它能通过红外线判

◆kv8保洁机器人

"玩转科学"系列 · 59 ·

在钢铁中铸人灵魂

断,自动躲避墙壁和楼梯。能灵巧地进入床底、桌底、沙发底等人工难以打扫的角落。该机器人电量用光后,还能进行自动充电。保洁机器人 kv8 还可以进行自动的空气清洁。

此外低噪音也是保洁机器人的特性。这款机器人噪音小于 50 分贝,保证人在 kv8 清洁房间的过程中免受噪音之苦。

这款机器人可以说是我国智能家居机器人发展上的一个里程碑。而且,它可是得到过温家宝总理特别关注的哦。

"大管家"机器人

◆ "大管家"中的安保系统

"清晨,闹钟响起。一个命令传给咖啡壶,让它煮好两杯咖啡,并让微波炉把早餐准备好,与此同时,保湿机、扫地机、电视机等也随着你的起床,开始了一天的工作。"操控机器的不是家中辛勤的老母亲,而是一个被科研者称为"大管家"的机器人。"大管家"可谓全能,包括有智能型的微波炉、保湿机、扫地机、电视机、安保设备等。

试想,如果你拥有了这款机器人,就可以永远告别繁琐的家务,轻松地踏上每一天的行程。

烹饪机器人

在家居机器人里,最能反映中国文化特色的要属能烹饪中国菜肴的烹饪机器人。

"爱可"是深圳繁兴科技公司投资 200 多万元,历时 4 年研发完成的烹饪机器人,是现代机械电子工程学科和中国烹饪学科的第一次交叉融合,

守护的"天使"——我们身边的机器人

也是全世界首台实现中国菜肴自动烹饪的机器人。它的技术可是堪比大厨哦。

"爱可"的工作原理是：将烹饪工艺的灶上动作标准化并转化为机器可解读语言，再利用机械装置和自动控制、计算机等现代技术，模拟实现厨师工艺操作过程。它不仅能做到目前市面上一些烹饪设备完成的烤、炸、煮、蒸等烹饪工艺，最大特点是能实现中国独有的炒、熘、爆、煸等技法。

◆堪比大厨的爱可

 **广角镜——家居机器人的反作用**

客观来说，智能家居机器人的发展是必然的，但是，也曾经有过担忧的声音，即当智能化家居机器人出现后，人类器官就会丧失自己的功能（用进废退学说），导致肢体萎缩，相应协调能力退化。诚然，任何事情都应该一分为二的对待，我们要做的是，在发展家居机器人、为人类带来更多便利的同时，强调作为人的主观性，防止上述情况的出现。

 拓展思考

1. 你能说出哪些家居机器人？
2. 你能说出家居机器人的发展方向吗？
3. 讨论一下广角镜中提出的担忧。

ZAI GANGTIEZHONG
ZHURU LINGHUN
在钢铁中铸人灵魂

以一当千
——工业机器人

机器人家族中应用最广泛、作用最重大的种类，就是工业机器人。工业机器人（industrialrobot）极大地解放了人类，它能代替人类从事一些高危险的或是单调、重复的工作。例如汽车装配业等。

往往许多人花费很多时间才能完成的工作，交给工业机器人来完成，可以说是"轻而易举"。用"以一当千"来形容这位力大无穷的哥们当真是恰如其分。

下面，就让我们走进工业机器人的家族。

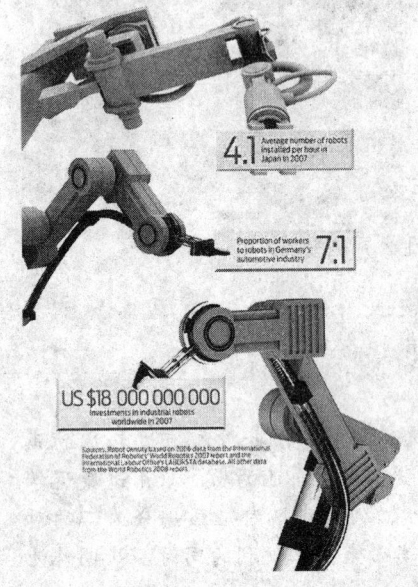

◆工业机器臂

伟大的里程碑

工业机器人在工业的发展史上占有重要的地位。

1954年美国戴沃尔最早提出了工业机器人的概念，并申请了专利。该专利的要点是借助伺服技术控制机器人的关节，利用人手对机器人进行动作示教，机器人能实现动作的记录和再现。这就是所谓的示教再现机器人。现有的机器人差不多都采用这种控制方式。

随着1967年日本成立了人工手研究会（现改名为仿生机构研究会），

守护的"天使"——我们身边的机器人

接着1970年在美国召开了第一届国际工业机器人学术会议。1970年以后，机器人的研究得到迅速广泛的普及。

1980年，被称为"机器人元年"，工业机器人真正在日本得到普及，之后迅速发展，直到今天，工业机器人在工业的各个领域都有着不同程度的应用。

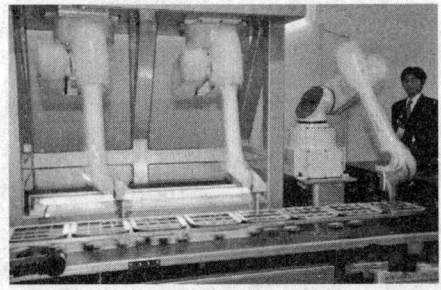
◆日本工业机器人

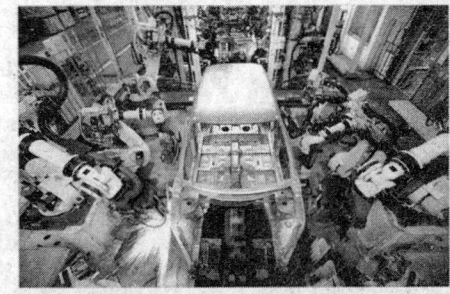
◆汽车装配车间的机器人

点焊、弧焊机器人

点焊机器人，主要是针对汽车生产线，提高生产效率、提高汽车焊接的质量、降低工人劳动强度的一种机器人。在通过机器人对两个钢板进行点焊的时候，需要承载一个很大的焊钳，一般在几十千克以上，通常有5到6个自由度，负载30到120千克。

使用点焊机器人最多的场合是汽车车身的自动装配车间。

弧焊机器人是进行自动弧焊的工业机器人。弧焊机器人的组成和原理与点焊机器人基本相同，一般的弧焊机器人由示教盒、控制盘、机器人本体及自动送丝装置、焊接电源等部分组成。可以在计算机的

◆弧焊机器人－FANU

在钢铁中铸入灵魂

控制下实现连续轨迹控制和点位控制。还可以利用直线插补和圆弧插补功能焊接由直线及圆弧所组成的空间焊缝。

弧焊机器人主要有熔化极焊接作业和非熔化极焊接作业两种类型，具有可长期进行焊接作业、保证焊接作业的高生产率、高质量和高稳定性等特点。随着技术的发展，弧焊机器人正向着智能化的方向发展。

我国的工业机器人

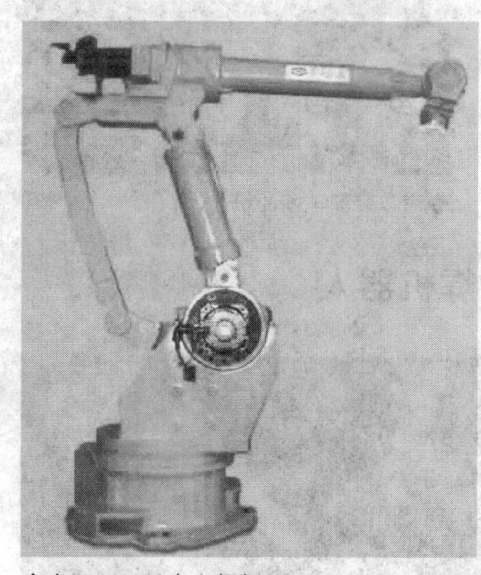

◆中国120千克点焊机器人

来说说我们中国吧！我国工业机器人起步于20世纪70年代初期，经过20多年的发展，大致经历了3个阶段：70年代的萌芽期，80年代的开发期和90年代的适用化期。

20世纪70年代，世界上工业机器人应用掀起一个高潮，尤其在日本发展更为迅猛，它补充了日益短缺的劳动力。在这种背景下，我国于1972年开始研制自己的工业机器人。

进入20世纪80年代后，在高技术浪潮的冲击下，随着改革开放的不断深入，我国机器人技术的开发与研究得到了政府的重视与支持。"七五"期间，国家投入资金，对工业机器人及其零部件进行攻关，完成了示教再现式工业机器人成套技术的开发，研制出了喷涂、点焊、弧焊和搬运机器人。1986年国家高技术研究发展计划（863计划）开始实施，经过几年的研究，取得了一大批科研成果，成功地研制出了一批特种机器人。

从20世纪90年代初期起，我国的国民经济进入实现两个根本转变时期，掀起了新一轮的经济体制改革和技术进步热潮，我国的工业机器人又在实践中迈进一大步，先后研制出了点焊、弧焊、装配、喷漆、切割、搬

守护的"天使"——我们身边的机器人

运、包装、码垛等各种用途的工业机器人,并实施了一批机器人应用工程,形成了一批机器人产业化基地,为我国机器人产业的腾飞奠定了基础。

拓展思考

1. 工业机器人的代表种类有哪些?
2. 我国工业机器人的发展情况如何?
3. 电焊机器人都应用在哪些领域?

在钢铁中铸人灵魂
ZAI GANGTIEZHONG
ZHURU LINGHUN

玩转机器人

没有畏惧，没有迟疑
——战争机器人

◆身着"迷彩服"的战争机器人

力大无穷，上天入地，将人类玩弄于股掌之中，我们已经从无数的影视作品中体会了机器人的战斗力。

真实世界里，将机器人运用于战争也可以说反映了人类的天性，不过，现在的战争机器人，并不具有虚幻世界里的那些与人类作对的智能。

战争，是人类无法回避的沉重话题，但是为了保护自己，防御国土，我们又不能不做好"居安思危"的工作。今天，就让我们走近这些战争机器人，近距离的感受这些没有畏惧、没有迟疑的超级战士。

你为谁而生？

战争，无疑是人类所从事的活动中危险性最高、死亡系数最大的活动。

而人类，又是战争中最脆弱和最重要的环节。

当人类意识到自己肉体的脆弱和不堪一击时，就自然而然地想到制造出刀枪不入、损坏后也不会有家属要慰问的战争机器人，来代替人类从事

守护的"天使"——我们身边的机器人

这个危险的"行业"。

从某种意义上说,战争机器人是因为人类无止境的扩张欲望而产生的。人类对于战争机器人的研制和担忧,也正反映了人类自相争斗的天性。

◆战争的进化

战争机器人的历史十分久远,早在第二次世界大战时期,德军就曾使用机器人排雷。发展至今,机器人已经成为战争领域不可忽略的部分。

战争机器人的分类

战争机器人可以按照有人驾驶和无人驾驶来分类。

有人驾驶机器人,即需要人类跟随机器人,操纵机器人进行活动,动画作品中的"高达"机器人即属于此类。

无人驾驶机器人,即依靠远程技术操控,不需要人类出现在战场上,即可进行战斗的机器人。

战争机器人还可以按活动空间分为水下、空中、陆地和空间机器人。这里值得一提的是,所有的卫星要改变成为空间战争机器人都不是一件十分难的事。

 点击

《机器人战略》(美国)是人类对于未来战场规划和战争机器人研发的纲领性文件。

战争机器人的发展情况

目前,机器人研究最发达的国家毫无疑问是日本,从 20 世纪 60 年代开始,日本就一直走在机器人研究的前列,无论是理论、制造技术还是 AI

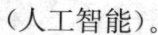

ZAI GANGTIEZHONG
ZHURU LINGHUN

在钢铁中铸人灵魂

◆日本"神秘火焰"机器人

◆是不是有点像科幻电影？

（人工智能）。

但将机器人纳入未来战争整体研究范畴，考量战争机器人的作战效能、作战使命，对战争机器人的技术可行性进行系统化研究的则是美国。

2009年2月，美国陆军能力集成中心和坦克车辆研发与工程中心联合发布了《机器人战略》白皮书。这既是对过去10年，在美陆军未来战斗系统（FCS）项目下的战争机器人研究成果的总结，也是对未来战争机器人研究的长远规划。这部白皮书从某种程度上可以视为目前人类对于未来战场规划和战争机器人研发的纲领性文件。

对于战争机器人的研究，已经在一定程度上引发了全球的"机器人军备竞赛"。

日本的机器人武士暗藏民间，并且随时可转军用！这样说也许有点小题大做，但是日本机器人比赛中所展示出的技术优势，却着实不能小觑。

日本有"机器人王国"之称，机器人的产量及应用都位居世界前列。知名大公司如日立、索尼都在从事机器人的研发和制造，民间也有很多人投巨资，参与机器人的设计开发。日本每年都举办机器人格斗大赛，2009年"神秘火焰"机器人拔得头筹。它身高40厘米，重2.9千克，全身拥有23轴自由度，外形与动漫世界中描绘的攻防机器人如出一辙，可完成相当复杂的搏击连续动作。

再来看看欧洲人，德国国防军2007年10月举行了一场欧洲地面机器人大赛，来自9个欧洲国家的33家公司和14个科研所，向德国防军展示

守护的"天使"——我们身边的机器人

了机器人的最新技术。展出的机器人种类多样,从老鼠大小到一辆小汽车那么大,有的采用履带,有的则用轮子行进。这些机器人的展示者意在利用这次机会获得德国军队的订单。

就这样,世界范围内机器人军备竞赛在大家都"揣着明白装糊涂"的状态下紧锣密鼓地进行着。

 名人名言

关于战争机器人的预测

机器人的成本仅是士兵的1/10,它替人类厮杀疆场的场景,将有可能在10年内变成现实。

——英国谢菲尔德大学计算机系教授夏基

顶尖战争机器人

下面,我们就来看看各国顶尖的战争机器人。

MAARS机器人

MAARS机器人由富斯特-米勒公司设计生产,2008年6月首批2000个机器人交付美军使用,这款重武装机甲平台据称安全性能大大增强,可大幅减少误伤友军或是射杀平民的意外。发

◆MAARS机器人

言人声称,得益于全新设计的350磅重PackBot型MAARS底盘,QinetiQ生产的SWORDS-smith和其前任相比火力更加强劲。纵使应用了重新编译的软件和突出火力覆盖区以防止误伤的机械式扇形限制器,其装载的M240B中型机枪相较SWORDS的M249,杀伤力依然恐怖。外加可以防

ZAI GANGTIEZHONG
ZHURU LINGHUN

在钢铁中铸人灵魂

◆ "收割者"无人飞机

止机器人被黑后临阵反水，向控制者射击的最终防御手段，这样就万无一失了。

美国"收割者"

MQ—9 "收割者"是无人机的重大创新。这种无人机的体积与喷气式战斗机相同，它装有一台涡桨发动机，飞行时速可达 480 千米，飞行高度为 15000 米，装有红外、激光和雷达瞄准系统，可携带 1.5 吨的炸弹和导弹。它在伊拉克作战时由坐在 10000 千米之外的内华达州的视频控制方舱的控制人员进行控制。"收割者"无人机重达 5 吨，更具重要意义的是，它携带着更多武器，它可携带 14 枚空对地武器或者 4 枚 "地狱火"导弹和 2 枚 500 磅炸弹。

无人机正处在由侦查型向攻击型转变的过程中，变形金刚里的 "红蜘蛛"出现的日子，可想而知也越来越近了。

人类的迷惑

◆以色列排爆机器人从自杀袭击者身上碾过

守护的"天使"——我们身边的机器人

在研制战争机器人的历程中，遇到的阻力超过任何一个机器人种类的研制，因为，让机器拥有决定一个有声目标生存的权利，是否有违伦理道德？这种"危险论"不是杞人忧天。直到现在，仍然没有人给出一个能说服众人的理论，而战争机器人的研究，却从来没有放松过。也许，人类现在并不会面临机器人"反水"的一天，但是，谁能保证，这一天永远不会到来？

链接——五角大楼

五角大楼（The Pentagon）位于华盛顿哥伦比亚特区西南部波托马克河畔的阿灵顿区，是美国最高军事指挥机关——美国国防部（United States Department of Defense）的总部所在地，地理坐标为 38°52′15.00″N、77°03′21.00″W。从空中俯瞰，该建筑呈正五边形，故名"五角大楼"。它占地面积235.90万平

◆最先进的军事科技的诞生地——五角大楼

方米，大楼高22米，共有5层，总建筑面积60.80万平方米，使用面积约34.40万平方米，当时造价8700万美元，于1943年4月15日建成，同年5月启用，可供2.3万工作人员（包括军人、文职人员）在此办公。楼内走廊总长度达28千米，电话线总长至少16万千米，每天至少有20万个电话进出，每天接收邮件逾120万封。楼内设施齐全，各种时钟4200个，饮水器691个，盥洗室284间，各种电灯16250个，餐厅、商店、邮局、银行、书店等服务设施也一应俱全；楼外的4个大停车场可停放汽车约1万辆。

五角大楼作为美国军事科技研究的中心，每年都会提出大量的订单，其中战争机器人项目的比重，正随着机器人科技的发展节节攀高，可以说，地球上最先进的战争机器人，有相当一部分是从这座大楼中走出来的。

在钢铁中铸入灵魂

拓展思考

1. 战争机器人是如何分类的？
2. 第二次世界大战时，战争机器人发挥了怎样的作用？
3. 你对各国发展战争机器人有何看法？

守护的"天使"——我们身边的机器人

WANZHUAN
JIQIREN

我就是你
——人形机器人

从机器人名字中的"人"字就能看出，机器人出现的初衷就是对人类的模仿。在所有的机器人家族中，人形机器人每每充当着最吸引眼球的角色。

科幻电影和小说中存在和人一样具有感情，甚至比人类还要纯洁可爱的机器人，现实生活中还没有出现。但是，现在的人形机器人已经能做到"鱼目混珠"的地步。可以设想

◆ "我就是你！"

的是，随着机器人学科和人工智能的不断发展，电影中的机器人形象不会永远只存在于人类的幻想中。

"我就是你"，相信人形机器人喊出这句话的同时，已经越来越少有人想去反驳了。

老资格的成员

没有工业机器人的万吨巨力，没有战争机器人的上天入地，人形机器人诞生的初衷是什么？

其实，人形机器人的诞生可以说反映了人类最初制造机器人的目的，用其他物体创造生命，而这生命，就自然而然地具有了"万物之灵"的人的模样。

从古时候世界上创造出的各种木偶开始，到如今能够以假乱真的人形

玩转机器人

在钢铁中铸人灵魂

ZAI GANGTIEZHONG
ZHURU LINGHUN

机器人，可以说，人形机器人是机器人家族中最古老也是伴随人类发展历史最久的种类。如果要追溯雏形的话，也许从古人类出现开始，用泥土捏成的人偶，才是人形机器人的鼻祖。人形机器人，可谓机器人家族里资格最老的成员了！

人形机器人的应用范围

人形机器人是当今世界备受瞩目的竞争前沿课题，是集机械、电子、计算机、自动控制、材料等多学科为一体的综合系统。

◆古代机器人

由于人形机器人具有人类的外形和行为特征，运动更加灵活，更能适应作业环境，在教育、科研、服务、娱乐等方面有着广阔的应用前景，特别是在未来军事侦察、机器人战士、星球探测等危险环境作业等方面，人形机器人都是一种理想的形式，有着潜在的巨大应用前景。

世界各国对人形机器人的研究均投入巨大，现在技术领先的当属于长时间致力于仿人机器人研究的日本。我国的人形机器人研究也在大踏步前进，但是整体技术还是处于落后的追赶阶段。

> 我国第一台人形机器人诞生于20世纪90年代初期，国防科技大学研制成功我国第一台人形机器人——"先行者"。

看！这些仿人机器人

你是否曾设想过这样的一天，一觉醒来，突然多出了一个和你一模一样的"兄弟"。当然，这里我们不是讨论关于克隆人的话题。现代机器人，也可以帮你做到。

守护的"天使"——我们身边的机器人

真假难辨

2010年4月7日,日本石黑浩教授展示了一款能模仿大笑和微笑等人类面部表情的仿真女机器人。

这款被命名为Geminoid TMF的机器人采用一种动作捕捉系统,可变动橡胶脸,模仿人类的微笑、咧嘴大笑和皱眉等动作。大阪大学的石黑浩教授与

◆石黑浩教授和模拟自己的机器人在一起

一组研究人员和机器人制作公司Kokoro开发了这款仿真女机器人。Geminoid TMF仿制的是一名年轻的日本女士,当天这名女士也现身会场(见下图),她说:"她看起来像我的孪生姐妹。"

研究人员表示,他们希望这款机器人最终能用于现实情境,如医院。Kokoro公司的发言人井上聪子说:"一些数据显示,在医院检查身体的时候,这款机器人的点头和微笑能让一些患者感到安慰。"石黑浩教授说:

◆机器人的橡胶脸能变动,模仿人类微笑、咧嘴大笑和皱眉头

"玩转科学"系列

ZAI GANGTIEZHONG
ZHURU LINGHUN

在钢铁中铸人灵魂

"新技术总会带来些许恐慌和负面评论。"但研究人员希望研制出可以表达类似人类情感的机器人。

Geminoid TMF 配备 12 个制动器，由气压提供动力，它能同步模拟人类的表情动作。石黑浩教授过去曾设计了几款不同的仿真机器人，甚至还打造了一款模拟自己的机器人。这位教授表示，总有一天机器人会骗过人类的眼睛，让我们无法辨别真伪。

太空仿人机器人

◆第二代人形机器人

近日美国宇航局（NASA）和通用汽车公司联手研制出第二代人形机器人，并加速将其应用在汽车和航天工业领域的相关技术研发。双方希望新一代机器人在汽车制造和航天航空领域都能发挥重要作用。

通过应用先进的控制、感应和影像技术，通用汽车与 NASA 的工程师和科学家根据太空行动协议（SpaceActAgreement）在位于休斯顿的约翰逊航天中心共同开发的第二代人形机器人"机器宇航员 2 号"，简称 R2。它将被用来与人类并肩工作，帮助通用汽车生产更加安全的汽车和建设更加安全的生产工厂，或协助 NASA 的宇航员完成一些危险的太空工作。由于安装了特制传感器，这款机器人还能感受其他物体带来的压力。这样在太空行走时，如果机器

"有一副由热塑性塑料所制成的骨架，有一组模仿人类肌腱的驱动器，该驱动器可以对肌肉做出反应。"
——这种新型机器人的制造已被列为2010十大科技猜想。

玩转机器人

守护的"天使"——我们身边的机器人

人不慎碰到了人类宇航员,传感器就能马上关闭机器人,以避免意外事故发生。

美国宇航局局长助理道格·库克(DougCooke)表示,"尖端的机器人技术不仅对于美国宇航局,而且对整个国家都有广阔的前景。我们很激动有这么一个全新的机会来研发新一代机器人,我们希望机器人能够在更广泛的领域内得到应用。"

"汇童"机器人

我国研制的"汇童"仿人机器人,身高1.6米,重63千克,外形酷似美国影片《机器战警》中由真人扮演的机器人警察。能前进、后退、侧行、转弯、上下台阶、太极拳、刀术等模仿人类动作。

据介绍,"汇童"是具有视觉、语音对话、力觉、平衡觉等功能的自主知识产权的人形机器人。它突破了人形机器人的复杂动作设计技术,首次实现了模仿太极拳、刀术等人类复杂动作。它的成功研制标志着我国继日本之后成为第二个掌握集机构、控制、传感器、电源于一体的高度集成技术的国家。

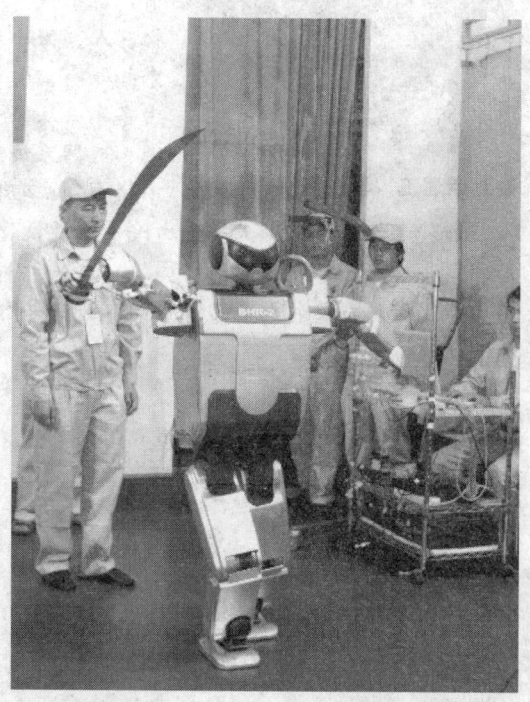

◆ "汇童"表演刀术

说老实话,"汇童"在外貌的可爱、逼真程度上,的确不如日本的"美女",但是"汇童"可以表演的动作复杂程度,是我国仿人机器人研制工作的一个突破,至于外形,只需要给我们的科技人员一点时间去雕琢,相信我们真假难辨的机器人,也会是指日可待!

ZAI GANGTIEZHONG
ZHURU LINGHUN

在钢铁中铸入灵魂

 机构介绍——北理工智能机器人研究所

◆北京理工大学校徽

北京理工大学智能机器人研究所是在三个国家重点学科和两个国家重点实验室并依托微小型系统研究中心的基础上成立的，并衍生了两个新的博士学科点：仿生技术和微小型武器技术。目前，已形成了仿人机器人、仿生机构、地面移动机器人、微小型武器系统、传感检测技术、机器感知等有重要影响力的几个研究方向。研究团队由多年来从事机器人技术、微小型系统、传感检测、武器系统等方面的资深专家和教授组成，其中，中国工程院院士1人，长江学者特聘教授1人，教授8人，已经形成一支由院士、教授、研究员、工程师、高级技师、博士后、博士、硕士等组成的科研团队。主要产品包括：仿人形机器人、轻型智能无人作战平台、危险作业多功能机器人、机器人遥操作系统、智能雷弹等。

 拓展思考

1. 什么是人形机器人？
2. 人形机器人的应用范围有哪些？
3. 查找资料，日本人形机器人在哪些方面领先？

玩转机器人

守护的"天使"——我们身边的机器人

中国仿人机器人第一人
——邹人倜

七旬老人,在任何国家、任何地区也许都到了要享天伦之乐、颐养天年的岁数,可本文的主角——邹人倜,却走上了大家都为之惊异的一条路,也许拥有一颗热爱科学的心,真的能延缓衰老呢!

邹人倜的仿人机器人,美国《时代》周刊在2006年11月6日的一期上曾将其列入"2006年最佳发明"。在网络上,高仿真表演机器人"邹人倜"与日本著名的机器人"杰米诺德H1—1"齐名。

老人不服老,岁岁创新高。我们就一起来认识一下这位"童话老人"。

◆思索中的邹人倜

轰动洛杉矶的古稀老人

看过了日本的高逼真度的仿人机器人,相信大家都会唏嘘不已,进而叹息我国什么时候才能追上甚至超越日本。不用着急,重头戏就在这里,现在大家一起来看看,什么才是中国真正仿人机器人。

这就是在2007年9月14日,全球电子科技成果展在洛杉矶市会议中心近百个展台中,西安超人雕塑研究院的高仿真机器人"邹人倜"。

这是本次展出中唯一的中国展台,相当引人注目。身高一米八七的高仿真机器人"邹人倜"外形与发明人邹人倜神似,活像一对双胞胎,真假难分。"邹人倜"能开口说话,还能眨眼睛,扭转头。"邹人倜"这对孪生

ZAI GANGTIEZHONG
ZHURU LINGHUN

在钢铁中铸人灵魂

玩转机器人

◆孪生兄弟?

◆人类首次登上月球的宇航员巴兹·爱德华和邹人偶"兄弟"在一起

兄弟,成了今次大展的亮点。

一开始,许多人都被一旁坐着的"邹人偶"骗了,一位黄小姐还亲自走上前去,要近距离的接触一下这位,取证核实,然后发出一声赞叹,"真的像得很犀利!"黄小姐如是说。

这位老人一下子成了今天展览的一大亮点,越来越多的人在展台前面驻足,黄头发的、黑头发的、白头发的人都发出惊叹,原来中国的仿人机器人已经发展到了这个地步!

过了不久,一位与"邹人偶"一模一样的人,步入展区,往仿真人旁一站,俨然对镜而立,旁人辨不清孰真孰假。仿真人的缔造者邹人偶终于自己开腔揭谜:"这是我自己研发的仿真机器人,利用硅胶制作,这种物料很早就被用以作隆胸手术,而在人像艺术上,能最好地体现人的肌肤质地,让人难辨真假。"

邹人偶说,自己游历了全世界各大蜡像馆,光香港杜莎夫人蜡像馆便去过两次。他称赞杜莎夫人蜡像馆有"值得自己学习一辈子的世界一流水平",但他亦对自己的仿真人作品很有信心,强调它们跟蜡像不一样。"你看成龙的蜡像虽然很神似,但能明显看出来不是真人,而我的仿真人艺术效果源于让人们辨不清真假的高仿真度。"

· 80 ·   "玩转科学"系列

守护的"天使"——我们身边的机器人

以假乱真，源于蜡像

相信你一定会问，这么厉害的仿人机器人，一定是出自中科院，或者某所一流大学的科研机构吧？是啊，邹人倜究竟路出何门呢？

邹人倜今年71岁，江苏人。19岁起在工厂做模型工，现任中国西安超人雕塑院院长。

邹人倜年轻时曾在西安电影制片厂担任特技车间主任，1980年的电影《西安事变》，很大程度上就是出自他手，这个电影的拍摄过程，使他的专业机械制造派上了用场，而电影拍摄中邹人倜得到的启发，更是由此决定了他退休后的选择。

许多年后，一个偶然的机会，他从我国著名博物馆陈列设计师费钦生教授那里知道了美国超写实雕塑。他为此动心了，很快联合几位朋友，筹资几十万，建起了我国第一家超写实雕塑工作室——西安超人雕塑研究院。

◆邹人倜的超写实雕塑作品《沉思》陈列于台北诚品画廊

2001年的"中国西安投资与贸易洽谈会"上，西安超人雕塑研究院的几件超写实雕塑作品成为亮点，吸引了无数人次的参观。此后，几乎每次大的展览，他们的展台都会成为人头攒动的地方。2006年10月11日北京"中国国际机器人"展览期间，中央电视台、中国教育电视台、北京电视台、德国广播协会、英国路透社等50多家主流媒体集中报道了他们；美国《时代》周刊还将他们评为2006年度"世界最佳发明奖"，并由此入选中央电视台"影响2006——年度新闻记忆"。

在钢铁中铸入灵魂

邹人倜虽然常怀"稚子之心"，浮想联翩，然而一旦认准了目标他又会十分果敢坚毅。他本来于超写实雕塑不太在行，如今却多次被邀为全国各地博物馆的陈列设计师们授课。圈内说到"西安超人"几乎无人不晓。这全赖他知识丰富且善于学习。

现在，邹人倜的仿人机器人多次在国内外的展览上风生水起，为国家争得荣誉的同时，也大大提升了自己的信心和技术水平，邹人倜在追逐梦想的道路上，将越走越远！

广角镜——走上CCTV的舞台

2010年，中国中央电视台报道了关于邹人倜的专题节目，提升了我们"童话老人"的知名度提升了社会认知感，同时，也说明了我国民间仿人机器人乃至机器人技术的飞速发展，可以说，邹人倜的出现，使我国仿人机器人从外观上对比已经不输于邻国日本，相信机器人的内部结构和技术，也将会在越来越多的"邹人倜"的努力和追寻下，在不久的将来成为我国的骄傲。

拓展思考

1. 《时代》周刊评出的"2006年最佳发明"是什么？
2. 邹人倜的仿人机器人有哪些特点？
3. 邹人倜业余机器人发明家的身份是否给了你启发？

守护的"天使"——我们身边的机器人

WANZHUAN JIQIREN

卡哇伊
——宠物机器人

怀里抱着可爱的海豹机器人"帕罗",脚边"爱宝"在撒娇地蹭你的腿。你还会为家里没有"活力"而发愁吗?

套用现在一句时髦的话——"卡哇伊"就是宠物机器人设计的宗旨,毕竟谁也不希望客厅里出现可怕的狮子和老虎。

可别小看这些笨拙可爱的宠物机器人们,它们可是凝聚了最尖端的科学技术,也许你的所有家电也比不上一只"I-Dog"的科技含量。

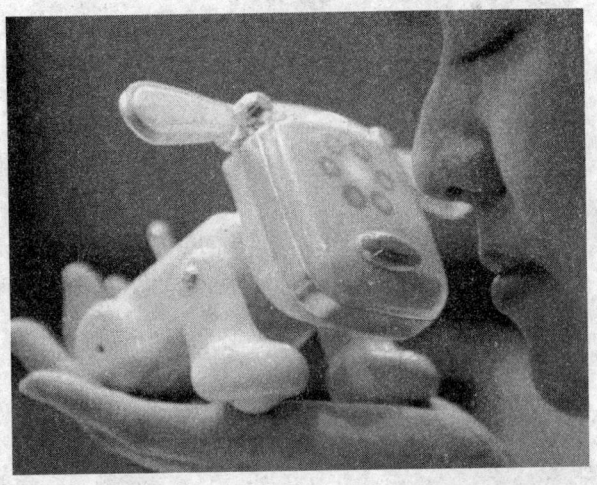
◆I-Dog 宠物机器人

玩转机器人

我家的小狗不吃饭

1999年6月,在索尼公司位于日本的销售大厅里,人头攒动,熙熙攘攘,不禁要让人问一个问题:"这里发生了什么?"。

没有好莱坞影星,没有个人演唱会,掀起这个风潮的只是一只小小的机器狗,但是,它却是一只你无法抗拒其魅力的精灵。它就是机器人宠物风潮的开创者——"爱宝"。

人们对"爱宝"的热情出乎商家的预料,在日本投放的3000台"爱宝"在20分钟内就宣布售罄,在美国投放的2000台也在4天内售完。为

在钢铁中铸人灵魂

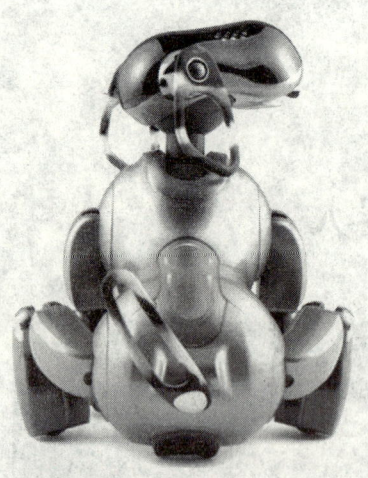

◆憨态可掬的"爱宝"

了满足消费者的需求，索尼公司于1999年11月决定在日本、美国和欧洲的部分国家再投放10000台特定版的ERS-111型"爱宝"机器小狗。

结果在规定的时间内索尼公司共收到了135000个订单，大人超过了公司预定销售的10000台。最后只能通过随机取样的办法来决定谁可得到机器小狗"爱宝"，同时索尼公司承诺不久将制造更多的"爱宝"以满足大家的需求。

是什么样的机器人能赢得大家如此的青睐？我们就一起来走进神奇的"爱宝"。

可别看它傻乎乎的，"爱宝"有6种不同的情感状态：喜、怒、哀、惊、惧和怨。机器小狗的情感变化可以由各种原因引起，也可以相互影响。

和吃饭的小狗一样，"爱宝"有4个不同的本能：爱、寻找、运动和饥饿（充电），这些本能构成了它的一些基本行为。

> 目前，索尼公司已经停止了爱宝机器人的批产。"ERS-7M3爱宝"是系列产品的最后一代。

为了使"爱宝"更好的与人共处，"爱宝"有18个电机，也称为18个自由度，这使得"爱宝"不仅能走动，而且能完成坐、伸展等动作，摔倒后还可以站起来，可以用腹部爬行，还可以像真的小狗一样玩耍。

"爱宝"不但能听见声音，还能就声音给出自己的反应。也就是说作为主人，你可以对他下"命令"，执不执行，可就要看我们"爱宝"的"心情"了。

宠物机器人的发展

当然，宠物机器人可不止"爱宝"一只啊。在这种赚钱的可爱宠物身

守护的"天使"——我们身边的机器人

上的研究,谁也不会落后。

来看一下美国的恐龙 Pelo。虽然美国人总喜欢这些征服欲望浓重的造型,不过 Pelo 可是如假包换的可爱哦。

Pleo 是有生命形态的宠物。只要主人回到家,Pleo 会对主

◆更先进的"Pleo"

人摇头摆尾;顺着它的毛摸,它会高兴得摇尾巴;会打喷嚏、打哈欠;搔它的背,它还会 180 度回过头来,看是谁在跟它玩。内置的 8 个处理器,让这只电子宠物有灵敏的触觉、视觉与听觉。

一只 Pleo 里面有 700 个零件。8 个电脑芯片,运算速度高达 6000 万次/秒!且内含 38 个感测器,用来侦测光线、动作、触摸与声音,用以将周围环境的信息搜集起来,回传到中央微处理器系统。14 个马达的装配,足以让 Pleo 的动作更加流畅。

更为重要的是,Pleo 让我们更容易拥有,它的预售价仅为"爱宝"的四分之一。可以说,Pleo 代表着宠物机器人的最新发展方向。

此外,还有许多可爱的宠物机器人呢,例如开头提到的海豹机器人,最小的机器人宠物 Micropets－i。宠物机器人既以其高端的科技性迷倒众生,又以其低端的可操作性走入千家万户,宠物机器人可能要算是我们最能接触到的机器人家族成员了。怎么样,你是不是已经忍不住想拥有一只自己的机器人宠物了?

如今,宠物机器人正向着高智能和低价格的趋势发展,也许无法一蹴而就,但是宠物机器人已经离我们越来越近,宠物机器人的普及也必将成为机器人发展史上的一页新篇章。

在钢铁中铸人灵魂

拓展思考

1. 宠物机器人的发展方向是什么？
2. "爱宝"的成长分为几个阶段？

守护的"天使"——我们身边的机器人

先遣队
——空间机器人

长久以来，人类就有着窥视自己生存环境世界之外的欲望，"嫦娥奔月"、"夸父逐日"等许多浪漫的传说承载着人们最初的理想。

宇宙的开发前景可谓无限美好，但是，人类脆弱的身体却制约着我们朝向外太空的探索。

机器人不吃不喝，不畏惧宇宙

◆美国火星探测车"机遇号"

射线，而且能轻而易举地具有很高的速度和强大的力量。作为人的延伸，空间机器人无疑是代替人类探索太空的不二之选。有朝一日，当我们已经在月球上"安居乐业"的时候，请不要忘记这些勇敢的"先遣队"。

我们的身世

◆美国宇航局新一代月球车

大家好！我就是机器人家族中飞得最高、走得最远的成员——空间机器人。

可以说，我是伴随着人类航天事业发展而一路走来的，在人类踏上追逐太空梦想第一步的时候，就有一个不可解决的问题随之而来，人类脆弱的身体无法直面太空严酷的环境，宇航员只能

在钢铁中铸人灵魂

在有限的空间和时间里在太空做一些实际意义不大的举动。我的出现，使人类找到了比改变自己基因更为容易的适应太空的办法。

"我"家的骄傲

◆勇敢的"勇气"

人们都说，人类探索太空的程度代表了人类最高科技的发展进度。那么作为先遣队的我们，也就当之无愧地成为了最新技术的集成体。

来看看我们家族里的明星——"勇气"。

2003年6月10日，在这个伟大的日子，"勇气"踏上了征服火星的道路。

"勇气"拥有最聪明的大脑，每秒能执行约2000万条指令，不过与人类大脑位置不同，我们的大脑存在于最不容易受到冲击的地方。

到2006年10月26日，已经是"勇气"号踏上火星的第三个年头，所有人都没有想到"勇气"是如此的坚强，"勇气"已经度过了1000个火星日。年纪这么大的他还兢兢业业地执行着探索太空的使命。

然而，在经过2274个火星日后，一件意想不到的事情发生了！在2010年1月26日"勇气"身陷沙坑，高龄的元勋"勇气"因为"食物"——太阳能电池的供应不足，将无法移动。"勇气"卸下了自己奔波的任务，成为了定点工作的平台。可以说，"勇气"为探索太空事业奉献了自己的一生！让我们为"勇气"致敬！就像它无畏的名字一样，"勇气"无疑是我们家族中最勇敢的战士。

"勇气"辉煌了一生，留下了无数的科研资料和记录，其中包括最长的空间机器人行走记录，发现月球上可能存在液态水的证据，我可以自豪

守护的"天使"——我们身边的机器人

地说,"勇气"所做的,没有一个人类能够完成。

后来居上

在高科技的前沿,后来居上是一条不变的真理,我们家族也是一样。正所谓"长江后浪推前浪","勇气"和像他一样的前辈为我们争得了荣耀,但是历史总是需要后人来书写的。下面,就带大家看一看我们家族的后辈们。

"嫦娥奔月"是一个在中国流传千年的古老神话故事。但是对我们的小妹妹"嫦娥一号"来说,"奔月"大概只需要8～9天。

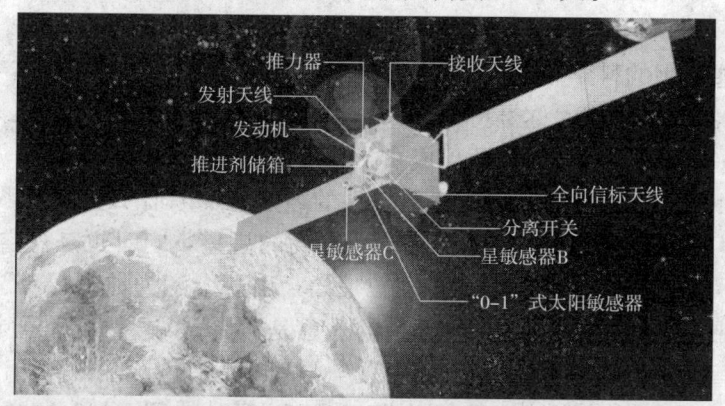

◆神通广大的"嫦娥"

◆美国下一代载人登月车"牵牛星"艺术概念图

ZAI GANGTIEZHONG
ZHURU LINGHUN

在钢铁中铸人灵魂

◆ "谢谢观赏！"

诞生在中国的"嫦娥一号"奔跑在距月球表面200千米的圆形极轨道上。神通广大的她一个人承载了中国月球探测工程的4项科学任务，浑身的本领可谓72变，微波探测仪系统、γ射线谱仪、X射线谱仪、激光高度计、太阳高能粒子探测器、太阳风离子探测器、CCD立体相机、干涉成像光谱仪，这些常用的科学仪器可谓信手拈来。作为我们家族的后辈，她无愧"空间机器人"的伟大称号。

再来看看即将诞生的最小成员，也是我们家族新的骄傲——"牵牛星"（Altair）。也许你会问，这个特殊的名字意味着什么，就让我来告诉你，牵牛星是天鹰座（Aquila）中亮度最高的星星，同时也是夜空中第12大亮星。'Altair'这个词起源于阿拉伯语，由一个意为"飞行者"的短语衍生而来。在拉丁语中，'Aquila'的意思是"鹰"，这个名字意味着它与历史上著名的"阿波罗11号"的"鹰"号登月舱有着很深的渊源。

"牵牛星"和"阿波罗11号"都诞生于美国太空局（NASA），不同的是，"牵牛星"代表的是太空探索的未来。可以预想的是，我们这位后辈一定承载着世界空间技术领先者的尖端科技，相信他一定会不辱英名，再创辉煌。

再创辉煌

现在诸位对我们家族应该有了一定程度的了解，哈哈，说句自大的话，我们家族可是一直代表了你们人类科技的最高水平啊。

地球的资源是有限的，而人类对于环境的需求量却在日益增长，太空探索就显得格外重要和迫切。希望我们和你们人类能够互帮互助，在对无尽而又神秘的太空的开发中，贡献自己的一份力量。记住我哦，我

守护的"天使"——我们身边的机器人

是——空间机器人。

拓展思考

1. 本节介绍了哪些空间机器人成员？
2. 相信你知道，"勇气"号还有一个"兄弟"，那么他是谁？
3. "嫦娥一号"上搭载了哪些科研仪器？

ZAI GANGTIEZHONG
ZHURU LINGHUN
在钢铁中铸人灵魂

救死扶伤
——医疗机器人

玩转机器人

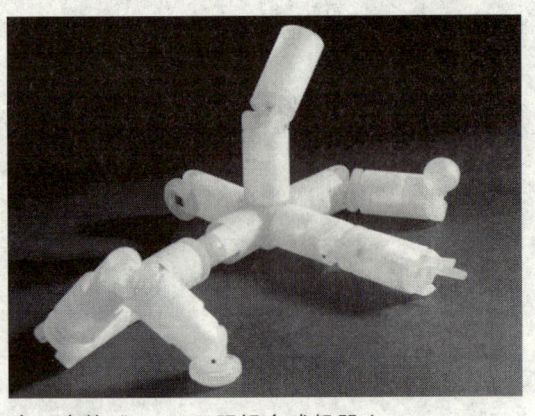

◆ "合体!"——吞服组合式机器人

虽然只有一粒胶囊的大小，却能粉碎脑血栓，顺通血管阻碍。

虽然只有一个冰冷的躯干，却能在手术台边连续工作几天几夜。

虽然只有一副不起眼的外貌，却能在体内攻克病痛，无往不利。

"我很丑，可是我很温柔"，这也许是医疗机器人的心声。

试想有一天，生病时，不必打针吃药，不必体外动刀，只需要吞入一个小小的"胶囊"，所有的病痛就在不知不觉中消失了。机器人组成的军队在与貌似顽强的病毒的斗争中所向披靡，无往不利。你一定会觉得这有些遥不可及。那么，看了下面的内容，你就会由衷地发现，这一天看似遥远，其实只有一层窗户纸阻隔其间。

不会疲劳的医生

医生，你累了吗？外科手术的连续奋战也许会让最好的外科医生也出现不可预料的失误，而医疗的失误带来的不仅仅是经济利益的损失，也许还会有无尽的舆论和棘手的官司。

有没有不会疲劳的医生呢？

有！2010年2月10日，重庆西南医院迎来了一位真正的"大牌"，身

守护的"天使"——我们身边的机器人

WANZHUAN JIQIREN

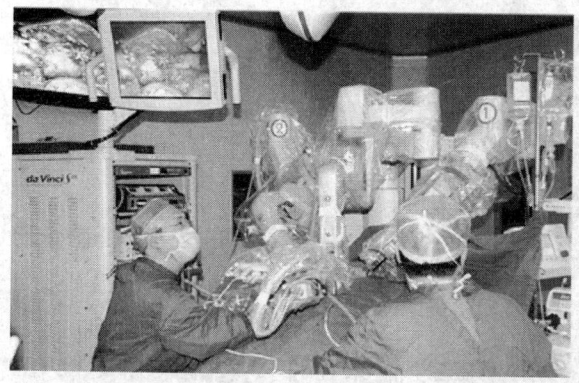

◆ "动刀手不抖，我是达芬奇"

价2000万的"达芬奇"。这位艺术大师不作画，也不研究和改良机械，他是秉承国际人道主义精神不远万里来救死扶伤的。

开个玩笑，"达芬奇"，是重庆西南医院耗资2000万引进的新型微创手术机器人的名字。是的，也许在个人魅力和面相上，我们这位"达芬奇"和真正的文艺复兴大师有很大的差距，但是，可以负责任地说，在外科手术领域，华佗见了"他"只怕也要甘拜下风。

"达芬奇"在进行手术时，只需要一位助手为其更换装备，而传统的手术，则需要护士医生一大把，这样一来，就大大节约了人力。而且"达芬奇"下手稳、准、快，能用最小的创面，在最短的时间内完成手术，也就是患者手中的杂志还没有看完的时候，手术已经结束了。这个时间具体是多少呢？以一个胆囊切除手术为例，40分钟"达芬奇"就能完成所有步骤，而以前的传统手术是3个小时！

> 达芬奇2000年诞生于美国的研究室，我国已有数家医院引进了这一医疗上的"时尚"装备。

再给你一个爆炸性的消息，"达芬奇"其实可以完成几乎任何外科手术，也许外科医生从此要小心了……

我不是胶囊！

看看下页图中的这个小家伙，他是谁？

他是胶囊吧……许多人都会这么问，好了，别再激怒我们这位"小朋友"了。我来告诉你。

他就是"游动摄像胶囊"！（怎么还是胶囊……）

在钢铁中铸人灵魂

◆我真的不是胶囊

这款新型的机器人，可以在人的指挥下，游动在肠道里、胃里等消化系统中，像狗仔队一样"偷拍"下患病部位的样子。

做过胃镜的人都知道（没做过胃镜的人也听做过胃镜的人说过）胃镜、肠镜那痛苦的滋味让许多人都放弃了检查，从而耽误了治疗。当然这个不能过多地苛责患者，毕竟谁也不想有一根管子从嘴里伸进胃里。

来找他吧！我们的小家伙能让你用温水冲服下，然后感觉不到任何不适，接着医生就告诉你，你哪里哪里坏了，哪里哪里需要手术。无痛的检查可以带来最有时效性的诊断。

当然，还是那个老问题，我们的这位小朋友的出场费还是过于高了点，相对于普通胃镜也就300元钱，他可是翻了十几倍呢！不过，你可不要认为是他贪财啊，技术的普及总是需要时间的。

你，不准离开

在电影和电视剧中经常会出现一个场景，患者在床上看报中突然不知道什么病发作，伸长了手去努力够到纠结着的"报警器"，然后结局分为两个，拿到了，医生赶来抢救；没拿到……大家自己设想。

有没有一直呆在身边的医生呢？除非你住的是贵族般的特护病房，而一般普通人只能享受十几个人共用一个医生的"不稳定情况"。有时候多想对医生大喊一声："你，不准离开！"

当然，给每个人都配备一名医生无疑是对我们资源的大大浪费，怎么办呢，下面就请出这次的主角——远程诊断机器人"RP-7"，大家鼓掌。

首先，RP-7有一个让人放心的名字，人品（RP）！开个玩笑，不过RP-7的神通，可当真不是玩笑。

守护的"天使"——我们身边的机器人

RP－7能实现一人一个医生的公平境界，他拥有听诊器、耳镜和超声扫描仪相连接的设备，还有一个相机和一个屏幕，使患者和远方的医生都能看到对方，从而使医生可以最大限度地像亲临现场一样进行诊疗。

在人品境界上，RP－7可是当真的"一视同仁"，"童叟无欺"。

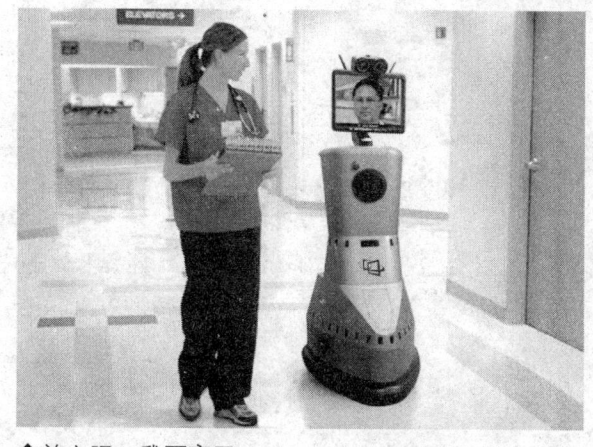

◆放心吧，我不离开

善良的心

另外，还有许许多多的"跟医生抢饭碗"的伟大同志，比如像变形金刚一样能在患者体内"合体"的吞服组合式机器人；有着健硕肌肉和温柔动作的RI－MAN，主要承担着抱病人上下床的重任；还有的确长得最丑的结肠诊断机器人，许许多多的医疗机器人让我们叹为观止的同时，也传递着机器人为人服务、和人类和平共处的愿望，忘记那些凶神恶煞的战争机器人吧，也许医疗机器人才能代表机器人们的本质。

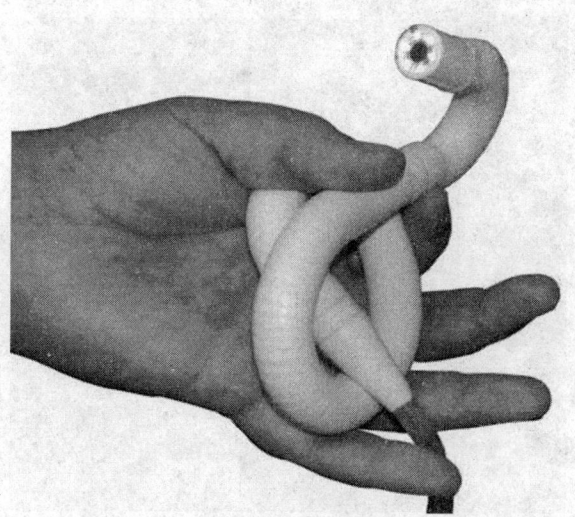

◆我长得丑是工作需要！结肠机器人

ZAI GANGTIEZHONG
ZHURU LINGHUN

在钢铁中铸人灵魂

拓展思考

1. 哪个医疗机器人给你留下了最深的印象？
2. 达芬奇（不是那位著名的画家！）的原产地是哪里？
3. 设想一下，人和机器人做外科手术你会选哪个，为什么？

守护的"天使"——我们身边的机器人

神奇小子
——纳米机器人

很难想象,纳米作为一个平平常常的长度单位现在如此风靡科学领域,以致出现了能长出"纳米"的水稻……

既然纳米如此独领风骚,作为尖端科技的代言人——机器人,又怎么能不涉足这个可能诞生伟大的领域呢?

纳米机器人,是机器人家族中体型最小的类型。分子大

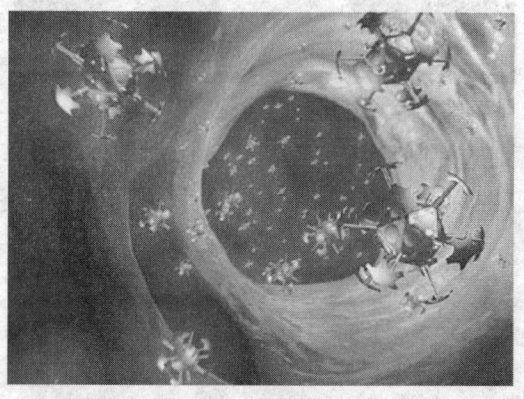

◆这不是宇宙黑洞,而是你的血管

小的它们有着不可预想的功用,纵然我们无法用肉眼分辨,但是试想一下分子大小的具有自主智能的纳米机器人进入了你的体内,你会不会在期待的同时也感到不寒而栗呢?对,让人恐惧,也是功能强大的一种体现。

无间道

恶性肿瘤,也就是俗称的癌症,是如今医学界的难题,的确有许多罹患癌症但仍然坚强生活的例子鼓舞着我们的斗志,但大多数医生和患者都无法越过癌症这道生与死的鸿沟。

恶性肿瘤,可恶在其堪称"伟大"的自我繁殖和转移能力,让传统的手术疗法无从下刀,化疗放疗也只是起到暂时延缓的作用。看似不可战胜的癌症,究竟有没有它的弱点呢?

有!每一部影片都需要英雄出现,在这部癌症与现代科学出演主角的警匪片中,间谍的出现,使本不可一世的癌症也尝到了"有内鬼"的

在钢铁中铸人灵魂

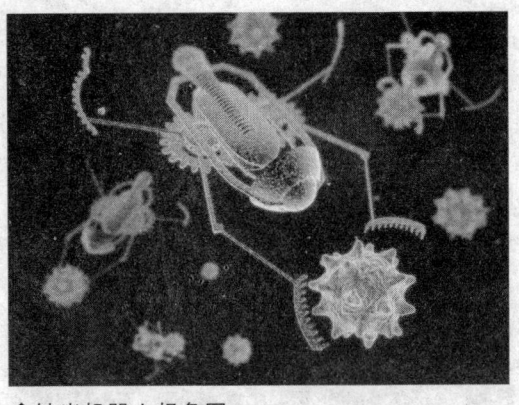

◆纳米机器人想象图

滋味。

美国加州理工学院帕萨迪纳分校的一个科研小组日前成功研发出一种"纳米机器人"，可以通过患者的血液进入到肿瘤所在位置，并采用干扰癌细胞基因的方式起到治疗作用。

干扰癌细胞基因，就是干扰癌细胞RNA的合成，RNA是癌细胞的遗传物质，也是癌细胞复制的必需品，我们的英雄纳米机器人，恰似一个打入敌人内部，在"匪窝"中心制造矛盾，大搞破坏的"红色间谍"。

链接——关于RNA

RNA是由至少几十个核糖核苷酸通过磷酸二酯键连接而成的一类核酸，因含核糖而得名，简称RNA。RNA普遍存在于动物、植物、微生物及某些病毒和噬菌体内。RNA和蛋白质生物合成有密切的关系。在RNA病毒和噬菌体内，RNA是遗传信息的载体。

生物无法复制合成RNA，就意味着无法进行新的细胞分裂，只能无奈地被淘汰。

天方夜谭？不

看了上面的介绍，也许你会不屑地说，这不还是医疗机器人嘛？

朋友，那是怕吓到你。从理论上说，纳米机器人可以做到所有你能想到的事情。

想把草地上剪下的草直接变成面包吗？想把扔下的废纸直接变成午餐吗？想让你旷课时老师手上的点名册一瞬之间无影无踪、化为乌有吗？

不好意思，你被耍了，这些现在都不可能实现。（开个玩笑）

守护的"天使"——我们身边的机器人

WANZHUAN
JIQIREN

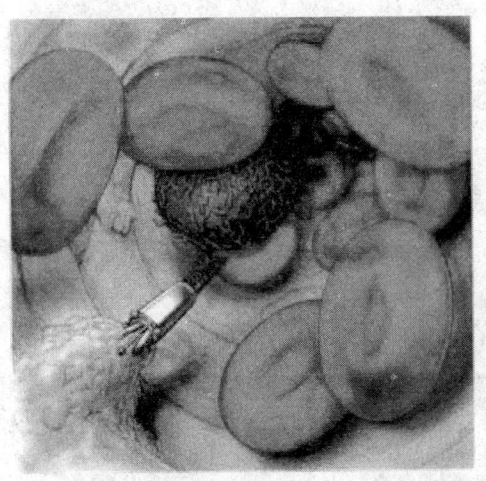

◆纳米机器人在努力工作

但是,它们的实现不再是天方夜谭,随着我们纳米机器人的问世,这一切,都有了努力的方向。

其实,纳米技术一词由来已久。理查德·费恩曼是继爱因斯坦之后最有争议和最伟大的理论物理学家,1959年,他在一次题目为《在物质底层有大量的空间》的演讲中提出:将来人类有可能建造一种分子大小的微型机器,可以把分子甚至单个的原子作为建筑构件在非常细小的空间构建物质,这意味着人类可以在最底层空间制造任何东西。

听到了吧,不是信口胡说,物质从根本上都是由分子构成的,而纳米机器人,正是在分子层面进行工作,只要进行分子结构的改变和重新构造,纳米机器人可以使任意两种物体发生不可思议的转化。这种转化需要

> 用因特网查询,分子的大小数量级是多少?纳米机器人的大小与之相比又如何呢?

的原料,仅仅是分子这种随处可见的原料,试想一下,你家里有多少可供转化的分子?

当然,这种技术在今后很长的一段时间,是不可能出现的。不过,不要灰心和丧气,任何伟大的创造都是需要时间的不断积累和无数科学家的不懈努力,有构想和理论基础,就成功了一半。

名人介绍——争议人物理查德·费恩曼

理查德·菲力普斯·费恩曼(Richard Phillips Feynman),美国物理学家,犹太人,1964年诺贝尔物理学奖获得者。

ZAI GANGTIEZHONG
ZHURU LINGHUN

在钢铁中铸人灵魂

◆疯癫大师——费恩曼

很难想象，有着爱因斯坦以后最伟大的理论物理学家之称的费恩曼竟然如此的不为人知，也许就毁在理论这个头衔上，这使他的功绩无法具体化，也就无法为更多的人所铭记。

费恩曼1908年5月11日生于美国纽约州小镇法洛克维。在他将要出生时，他的同样具有天赋但是未能得到良好科学训练的父亲对他母亲说："如果是个男孩，他会成为科学家。"

费恩曼从小就显示出了过人的天赋，在他还是个小孩子时就整天揣着一把螺丝刀去帮请不起修理工的人修收音机，在自己家的两层小楼装了一套广播系统，还为自己的房间装了警报装置。同时费恩曼也是个勤奋的孩子，在高中毕业前他就自学完了大学的微积分课程，他的老师见他因为课程无聊而经常上课捣乱就给了他一本《高等微积分学》的大部头著作，他果然安静下来。费恩曼考入了麻省理工学院，但是在本科毕业时他的老师告诉他"你应该去看看世界其他地方是什么样的。"因此费恩曼来到普林斯顿大学读研究生。

除了物理学的伟大成就以外，费恩曼更多的是以"疯癫"的形象示人，这个不难理解，凡是天才，总会有和常人不一样的地方，来看一看费恩曼自己说的话。

我想知道这是为什么。我想知道这是为什么。
我想知道为什么我想知道这是为什么。
我想知道究竟为什么我非要知道。
我为什么想知道这是为什么！

——理查德·费恩曼

费恩曼的物理学著作有很多，但和本节内容发生联系的就是他那著名的与纳米机器人有关的假想，可以说，任何之后的研究，都是站在费恩曼这位"巨人"的肩膀上！

守护的"天使"——我们身边的机器人

WANZHUAN
JIQIREN

拓展思考

1. 纳米机器人治疗癌症的方式是什么?
2. 大胆设想一下纳米机器人的出现将带来什么样的变化?
3. 复述一下费恩曼的伟大之处。

玩转机器人

在钢铁中铸人灵魂

玩转机器人

Who am I?
——生化机器人

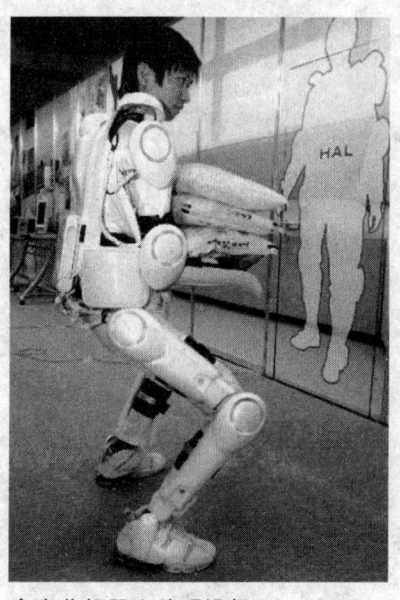

◆生化机器人外观设想

下面出场的这位，经常在各种电影里多次客串出演反派角色，他们大多有着让人毛骨悚然甚至恶心的外表。他们就是"生化机器人"。

提起"生化"二字，相信首先浮现在大家脑海里的肯定是一块机器一块肉拼起来的冷血生物。甚至我们都不知道这种东西算不算生物的范畴。其实，这个曲解的印象实在不能算是机器人的错误，人类主观的排外意识不能接受所谓"半机器半人"的存在，当你不接受一个事物的同时，你就会努力去丑化他。

存活？还是尊严？

先做一个残酷一点的假设吧，如果有一天，你遭遇了车祸，全身的肌肉都全部萎缩，内脏全部撞坏，也就是说只剩一个大脑可以继续使用。这时候，一个天大的好消息传入了你耳中，生化机器人的技术已经成熟，医生给了你一个选择，死亡或换上全部人工的身体。

你怎么选择？是放弃生存的权利，还是在矛盾中选择以另一个外貌活下去。

守护的"天使"——我们身边的机器人

每个人都会有自己的选择,但是我相信,每个人在选择前都会有无尽痛苦的抉择。这就是人类对生化机器人技术的态度,矛盾而充满争议。

生化机器人可以分为两类,一类是具有人类大脑的机器人,一类是具有人类肉身的机器人。如果按照意识来划分,前者算是人类,后者算是机器;如果按照生物组织来划分,前者算是机器,后者算是人类。因此,未来的人类和机器人将没有特别严格的界限。

◆造福人类的生化手臂

问题也就出在这里,人类可不想把自己和机器人混为一谈,人类一边努力保持着作为"万物之灵"的自尊。一边面对着新的极具诱惑力的存活方式而不知所措。也许,这就是生化机器人的技术有点呈"原地徘徊"形式的一个重要原因。毕竟不管怎么伟大的科学家,也跳不出人类的范畴。

当然,社会和伦理都处在不断发展之中,也许今天不可扭转的传统观念在后辈眼里看起来会是那么的可笑,这些后话,就要留给我们和我们的后代去追寻和验证。

先驱者无处不在

任何学科都会有先行者,英国里丁大学工程系统学院凯文·沃维克教授就是生化机器人领域中"吃螃蟹"的佼佼者。

生化机器人一度曾经只出现在科幻小说中,但是,随着机器人科学和生命科学的发展,生化机器人很快将不再是人们的科学幻想了。

2008年,沃维克教授宣布,他制造了世界上第一台生物脑控制的机器人:一只具有鼠脑的机器人。

现在所谓的鼠脑机器人,不过是个红绿色的小方盒子,在一张餐桌大小的场地上时而前进,时而折返,看起来比街头卖的电动玩具汽车还要粗

在钢铁中铸人灵魂

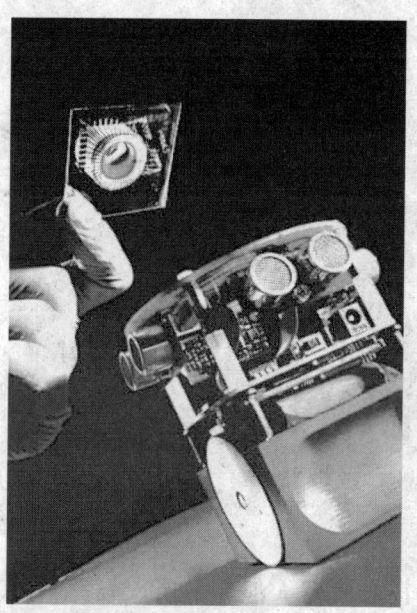

◆沃维克的"鼠脑机器人"

糙得多，走起路来像只没头苍蝇。这个鼠脑机器人的"脑"里面，大概也只有5万～10万个从老鼠胚胎中提取的神经元，而一只真正的老鼠有500万个神经元。因此，目前这个鼠脑机器人没有什么实际用途，但它是科学家探索高级生化机器人的一个重要进展。

2002年，沃维克写了一本学术著作《我，生化机器人（I, Cyborg）》，首先提出了生化机器人（Cyborg）这个概念。沃维克指出，人们身上的一些器官可以更换成由电子设备控制的机器。这位教授在1998年就把自己变成了一个生化机器人，他往自己的手臂中植入了一块芯片，从此可以用意念直接控制机械手臂，甚至能通过互联网遥控千里之外的机械手抓握一颗葡萄。

这个研究领域被叫做"人－计算机界面"，沃维克教授认为，这是人类未来必然的发展趋势。

◆美、日等各国科学家讨论生化机器人发展道路

守护的"天使"——我们身边的机器人

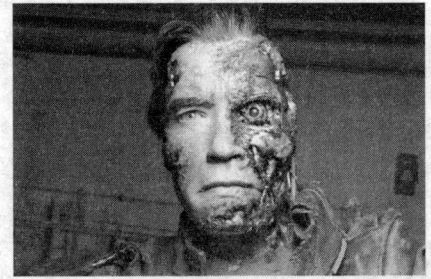

◆生化机器人中的"小强"——终结者

你对生化机器人技术有什么自己的观点,请你分别从伦理和技术的角度讨论一下。

◆生化机器人中的"小强"——终结者

那么就让我们逃脱总能浪费人精力的伦理讨论,单从技术层面上来说,沃维克教授的科学成果无疑是一个里程碑。第一台生物脑控制的机器人,也许会成为日后千千万万人膜拜的图腾性标志。

有了生物脑机器人,人脑机器人的技术可以说也就"近在咫尺"了!

广角镜——生化机器人的应用领域

生化机器人技术不仅能用于制造新型的机器人,更大的用途是为人类的健

在钢铁中铸人灵魂

◆生化器官

康造福。

1. 如果有人由于先天或后天的原因身患残疾，就可以安装一个相应的机器器官。有了生化机器人技术后，机器器官和人类大脑能够正常"对话"，让身体的免疫系统接受这个外来的器官，这样就不会产生不良的排斥反应。

2. 人类死亡时，大脑中的大部分细胞往往还是活的，如果把这些细胞移植到机器人体内，制造出一个具有人类大脑的机器人，人类就有望实现永生的梦想。

3. 人类制造肉身机器人不仅仅是为了让机器人可以成为自己的好伙伴，更重要的是让机器人更好地为自己服务。这些肉身机器人将比人类有更好的耐心和体力，比普通的金属骨架机器人具有更大的亲和力，因此肉身机器人在许多领域都将具有更大的市场竞争力。

我是"存在"

好了，不要再执着于人类会不再纯粹，从唯物主义进化论的观点来说，人类在本质上和动物也并无不同。我们掌握技术，然后利用技术，即使有些技术会带来一些现在看来的负面影响，但是难道人类就要因此放弃科学研究？如果这样的话，我们不禁会联想到晚清政府对待那"惊动先皇陵寝"的火车……

生化机器人技术，与其他技术并无不同，都是现代科学发展的产物，用平常心对待，也许才能使大多数人冷静下来，寻找到一个最合适的发展方式。

回到开始的那个问题，生化机器人是人还是机器？其实这个问题没有答案，也不需要答案，套用一句百试不爽的老话，"存在的就是合理的"。

守护的"天使"——我们身边的机器人

1. 什么是生化机器人？
2. 生化机器人从大的方面分为哪两类？
3. 思考一下电影里的生化机器人形象，你认为这些形象是否符合现状？

天空才是极限

——电影中的机器人

电影里的机器人既然是高度仿真的仿人机械体,那么他们不应该只有冷冰冰的外表和具有威慑力的杀招,他们还应该拥有我们人类的特征之一:感情。

机器人电影,引领着世界科幻影坛一个又一个热潮,让科幻迷和电影迷不断为之尖叫。纵观现在的机器人电影,往往以视觉风格取胜,但其中也无一例外的有着深刻的内涵。想了解机器人,把握机器人在人类心目中的位置,除了阅读略显无趣的书本以外,来一部片子,无疑是最好的选择。

在这一篇,你就会真正走进电影世界里的机器人,寻觅其中变幻奇异的科技,感受其中撼人心魄的情结。

天空才是极限——电影中的机器人

WANZHUAN JIQIREN

机器人影片的鼻祖
——The Big City

机器人电影无疑给人们带来无限的遐想与惊奇。作为机器人影片的鼻祖——《大都会》(The Big City)究竟为机器人电影奠定了怎样的基调呢?

这部电影里,主角不再是用老套的化学方法造人,而是借助20世纪30年代流行的电气技术,制造了荧幕上第一个全金属的电子机器人。

里程碑

德国著名导演弗里茨·朗1927年的电影《大都会》,是默片时代的科幻经典。是第一部以机器人为主题的带有科幻性质的影片。可以毫无疑问地说,《大都会》是机器人电影史乃至世界电影史上的一个里程碑。

影片虚构了一个未来时代的城市,等级分明,上层阶级居住在半空中的豪华住宅,工人们则住在深深的地底,终年不见天日,忙碌在

◆《大都会》录影带封套1

◆《大都会》录影带封套2

玩转机器人

"玩转科学"系列

ZAI GANGTIEZHONG ZHURU LINGHUN
在钢铁中铸人灵魂

整个城市正常运转的机器上。

故事梗概

既然人类已经有了森严的等级划分，那么往往打破这种划分的就是拥有天真和善良的孩子，这部影片亦不例外。

统治者的儿子天真单纯，整天无忧无虑地在顶楼的花园中玩耍。一个偶然的机会，这个少年遇到了工人的女儿马利娅并爱上了她（情节似乎有点老套）。这使他进入了工人的世界，看到了危险的工作环境和繁重的劳动，心中十分震惊。与此同时，统治者发现工人在秘密集会，而马利娅正是集会的召集者，她号召工人忍耐、等待。尽管如此，统治者仍然感到危险，她让发明家制造了一个和马利娅一模一样的机器人，代替后者在工人中散播仇恨。假马利娅煽动工人们毁坏了中央控制机，导致大水淹没工人住宅区。危急时刻，真马利娅逃出囚笼，和赶来的统治者的儿子一起，拯救了濒临灭顶之灾的工人们的孩子。

最后，认清真相的工人们将假马利娅像女巫一样架上火刑台烧死，而统治者和工头的手也握在一起，象征和解的终于来临。

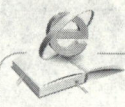

向拍摄者致敬

现在，也许没有人想去看一部没有特效、没有精彩打斗场面的机器人电影。正因为这样，我们更要对《大都会》的拍摄者们致以崇高的敬意，正是他们，在那个什么都不发达的年代，创造出了第一部能传播大众、最重要的是带有反思性质的机器人电影。

影片引发的思考

《大都会》是20世纪20年代制作成本最高的电影之一，也是电影史上一部最具影响力的电影，更为重要的是，《大都会》是电影史上第一部以机器人为主角的伟大影片。它对20世纪的电影尤其是科幻电影产生了重大

天空才是极限——电影中的机器人

影响。从这部影片开始,给予人类无限想象,也无可避免地承受人类的恐惧和职责的机器人开始走上伟大的荧幕,为人类的自负和自责提供了一面伟大的镜子。从这面镜子里,人们可以看到自己的软弱,还有并不算清晰的逻辑,以及也许永远无法解决的巨大伦理难题。

◆散发古老意味的封面

链接——专家品论

　　自省自觉一般都是从内到外的,但文艺作品中为了表现机器人的自觉,却更多采用从外到内的方式。也就是说,对于行为的主体——机器人而言,却是逆向的,并不能展现其真正意义上的自觉。所谓探讨人性、生命,大概更接近于采用拟人手法创作出的动物电影,只不过由于造物主是人类自身,所以在《大都会》等作品中才有资格加上遗弃、背叛、犯罪等元素。这种探究是非对等的,是暴力先决的,与寻常文艺片的从善如流有着根本差异。

日本版《大都会》

　　日本版《大都会》,是创造阿童木的日本漫画家手冢治虫的大作,在日本版《大都会》里机器人和人和谐地生存、劳动在一起,虽然仍然有着许多潜藏的问题。

　　在后现代的巨大都市梅陀宝丽斯,被称为本时代进步象征的超级摩天大厦正在举行落成典礼。手握本市实权的 RED 先生台上演讲正酣,台下一名黑衣青年男子(RED 的养子 ROCK)却在警备重重下公然拔枪杀人,

在钢铁中铸人灵魂

ZAI GANGTIEZHONG
ZHURU LINGHUN

◆上映时间：2001年5月22日　日本

群众一阵哗然骚乱。目睹此事的日本侦探伴俊作，携外甥剑一，开始进行全市的追凶调查。但是最后 ROCK 被判明只是射杀了机器人，凶手若无其事地离去了。

在这部影片里，突出地表现了今后人类发展可能会遇到的问题，具体来讲，就是关于智能机器人的立法。科幻电影，虽然源自想象，但却很可能成为未来的预言。无论是机器人暴动也好，人类残忍地对待机器人也好，机器本身是必要的、是中立的；邪恶的只是人心，是使用机器的方式。因此解决之道也在人心。当资本家越来越把工人当耗材使用、当工具使用而失去了善良的本质时，当人与人之间失去了真诚时，或许只有寻回良心，才能拯救劳苦的人民。

> 在机器人无可置疑地发挥着巨大作用的时候，巨大的义务却无法带来相应的权利，这对机器人公平吗？

这部影片可以说奠定了机器人在欧美地区的初步形象，也就间接地说明了为什么机器人在美国诞生，却在日本达到了和人类的最大和谐。

全站搜索——《大都会》

一、2009年手冢治虫的《大都会》，动作配乐胜原作

二、终极修复版《大都会》将于2010年底发行

三、1927年的《大都会》是世界科幻电影史的第一个丰碑，是架起的统治者与劳动者之间的桥梁。

四、当世界分成极度的两层——德国《大都会》。作为默片时代末期

天空才是极限——电影中的机器人

的作品，实为巨大浩瀚的精美之作。

五、2008 纽约大都会博物馆举行时装庆典，明星走红毯

六、雷人的盛宴：2009 大都会博物馆时装学院慈善晚会红毯

七、2010 年柏林电影节第二日，修复版《大都会》雪中上映

拓展思考

1. 《大都会》有着怎样的剧情？
2. 科幻电影《大都会》给我们带来怎样的启示？
3. 为什么《大都会》有着如此深远的影响？

ZAI GANGTIEZHONG ZHURU LINGHUN
在钢铁中铸人灵魂

玩转机器人

皮诺曹的科幻演绎
——《人工智能》

◆《人工智能》

你知道皮诺曹吗,他就是童话里一说谎鼻子就会变长的小木偶。

皮诺曹是意大利家喻户晓的一个童话故事中的可爱的小木偶,而我们这节的主角大卫也是一个可爱、坚强、聪明,用人类一度认为最不值钱的爱感动了全世界的小男孩。

《人工智能》一片是皮诺曹的科幻演绎。如果你看过这部影片,我相信,在潜意识里你也会接受一个可爱的机器人儿子。

基本信息

片名 人工智能(Artificial Intelligence,AI)
年代 2001
国家 美国
类别 剧情/科幻/冒险
导演 史蒂文·斯皮尔伯格 Steven Spielberg
主演 Jude Law... Gigolo Joe
　　　海利·乔·奥斯蒙特 Haley Joel Osmen

天空才是极限——电影中的机器人

◆《人工智能》剧照

故事背景

故事发生在21世纪中期，气候变暖，南北两极冰盖融化，地球上很多城市都被淹没在了一片汪洋之中。此时，人类的科学技术已经达到了相当高的水平，人工智能机器人就是人类发明出来的用以应对恶劣自然环境的科技手段之一。

电影的时代背景就是温室效应导致全球气候剧变的未来，环境问题引发经济危机，对人类的影响是落后国家的高出生率，而少数经济发达国家为求发展，不得不限制出生率以避免人口增长带来的经济负担。

嗨，我是大卫

影片的主角是机器人男孩大卫，这是一个皮诺曹式的人物，大卫就是这样一个有思想、有感情的小机器人，他被一对人类父母所收养，有一个哥哥和一个贴身的伙伴——机器熊泰德。但这些并不能让大卫满足，他一直渴望着自己终有一天不再仅仅是个机器人。

抱着对这个愿望的执着，11岁的大卫踏上了漫长的心路历程，跟随在他身边的，还有另一个善良的机器人乔。谁也不知道他们能否完成自己的心愿，脱胎换骨成为真正的人，等待他们的只有凶吉难料的对复杂人性漫漫长路上的追寻……

在钢铁中铸人灵魂

玩转机器人

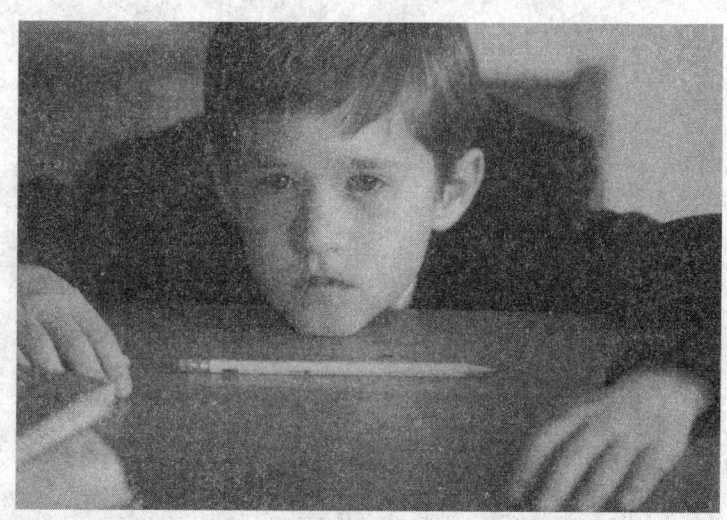

◆ 会有妈妈来催我做作业吗？

诗一般的故事

◆ "别害怕野蛮，爱终究会战胜一切！"

当没有顺序的单词标示了大卫的出生，作为一个出厂就注定要被销毁的试验品，大卫轻而易举地完成了感情测试，却不知是好是坏地打开了自己的感情世界。这让他开始永无止境地付出自己的爱，尽管他在别人眼里，也许只是一具机器。

要人类如同对待同类一般接纳一个机器人是困难的，但只要天平上加上爱的分量，就没有什么能将它压倒。

大卫的妈妈莫妮卡面临着大卫送回制造他的公司销毁的选择，但是母爱让她又不忍，最终将其

天空才是极限——电影中的机器人

WANZHUAN
JIQIREN

留在林子里。这段生离死别的场面令人动容,当大卫说"如果我像小木偶一样变成小男孩,就能回家吗?"时,他便坚定了寻找那个能实现他的愿望的蓝色仙女的信念。

《人工智能》是一部赚足了观众眼泪的影片,但由其引发的思考更令人回味无穷。

于是我们的主角开始了寻找,用尽力气寻找,终于,他在大洋深处找到了蓝仙女,尽管只是一尊雕塑,但在心中,他默默祈祷,希望变成一个可以让母亲爱的男孩,这一许愿就是2000年。而当2000年后的"生物"开启冰层下的大卫时,他发现的却是蓝仙女的破碎,是他梦的破碎,这是一个绝望的时刻,大卫的命运生来就已经注定,他被设定成忠于"主人"或是"母亲"莫妮卡,但是,他却无法被接纳,哪怕他天真地追寻蓝仙女,命运也无法改变。

◆我叫大卫,我是一个……机器人

片中裘得·洛饰演的机器人,生来就被设定了角色,是一个为女人服务的性机器人,这是一种无从选择的悲哀。更悲哀的是发现现实后的绝望——当大卫发现他并非独一无二的,而是产品线上的千万个产品中的一员,是一个试用品。那一刻,大卫那种不知所措的惶恐也反映了人类与机器人的共性,那便是:在残酷现实的绝望中,人类与机器人都会惊悚万分,都会战栗恐惧,但是却又不断制造让他人惊恐绝望的现实。

玩转机器人

点击

影片中对人类前景作出了令人沮丧的预言——最终留下来的是机器人。

"玩转科学"系列 · 119 ·

在钢铁中铸人灵魂

影片的现实价值

人类因何灭绝？片中没有详细的叙述，而是以 2000 年带过，短短的 2000 年，人类在狂躁中灭绝，留下的只是机器人，当他们成为主宰，他们将定义新的生命的含义，人类也就成为他们可以复制的创造物，历史就这样开了一个玩笑，一切突然颠倒。

电影反映这样一个现实，即人类随着进步也不断创造着歧视，在人类各个文明区域相互隔离时，从来不会有因为肤色造成的种族歧视，但是当科技进步，人们可以相互交往时，这类歧视随之产生。同样，你现在不会歧视你的一把剪刀，但是当科技进步，创造出具有与你相似特征的人工智能"工具"时，这样的歧视也会随之而来。该片值得一提的是对人类前景做出了令人沮丧的预言，片中的人类显得狂妄自大，正如在机器人屠宰场上，主持人煽情地大喊："我们是什么？我们是活生生的！"，底下是同类歇斯底里的狂欢，人们在狂欢中找到了理由可以对眼中的工具——机器人任意处置，因为在他们眼中，机器人不是同类，是低贱的机器，所以可以毁灭他们而不带一丝愧疚。

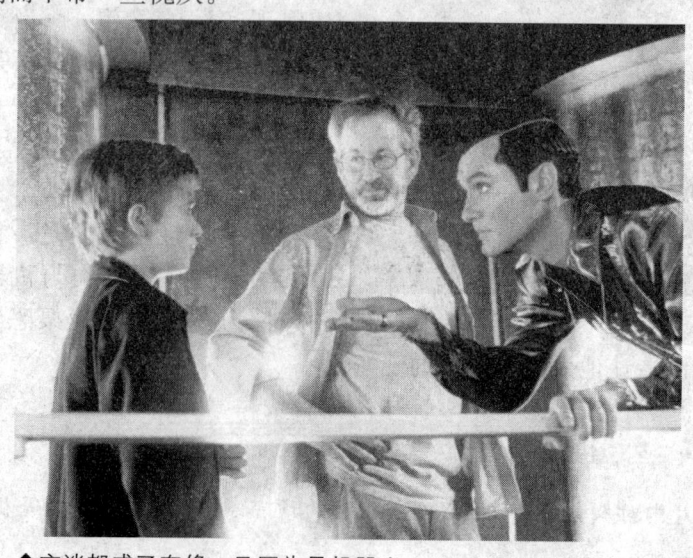

◆交谈都成了奢侈，只因为是机器人

天空才是极限——电影中的机器人

《人工智能》的优秀之处就在于它饱含了多样的信息，让你可以从多个角度看这部电影。在这部电影中将丰富的科幻、深刻的思考、人文的精神做了完美的结合，让人不得不感叹斯皮尔伯格老先生的奇妙创作。

影片的最后一幕

让我们体味一下片中那最后一幕吧，David（大卫）和母亲度过最快乐的一天，他为母亲煮咖啡，他为母亲盖上被子，和母亲一同睡去。他终于获得了母亲的爱，可2000年的等待竟只换来这短短的一天的幸福。那一天爱确实超越了肉体或是机器这样的载体，David（大卫）那一天终于露出了甜蜜的笑容，那期待的忧伤的面容已经凝结两千年。愿David（大卫）最后一天的灿烂笑容能挂在每一个渴望爱的孩子或是成人的脸上。

1. 影片《人工智能》的主人公给了我们怎样的思考？
2. 童话形象皮诺曹与《人工智能》有什么联系？
3. 你对机器人的看法是怎样的？看了本片后，有变化吗？

ZAI GANGTIEZHONG ZHURU LINGHUN
在钢铁中铸人灵魂

地球上最后一个机器人
——WALL－E

◆眼神犀利的瓦利

地球上最后一个机器人是什么样的？作为皮克斯首次尝试的太空科幻片，WALL－E能够勾画出怎样一幅前人没描绘过的全新人类未来图景呢？

当地球已经发霉烂透，甚至当沧海桑田都成为幻想，当人类臃肿肥胖，当机器人成为了每个人不可缺少的手和脚。会有怎么样的故事发生呢？

基本信息

中文名：机器人总动员
外文名：WALL－E
其他译名：瓦利，太空奇兵·威星际总动员
出品公司：华特·迪士尼影片公司
制片地区：美国
导演：安德鲁·斯坦顿
主演：本·贝尔特，艾丽莎·奈特，佛莱德·威拉特，杰夫·格尔

◆明星范

天空才是极限——电影中的机器人

剧情透露

　　这次的故事发生在未来的 2805 年，由于人类无度地破坏全球的环境，地球此时已经成为了漂浮在太空中的一个大的垃圾球。

　　"WALL－E"是 Waste Allocation Load Lifters－Earth（地球废品分装员）的缩写，这种职业出现在 2700 年，因为地球的垃圾多到爆炸，整个星球几乎被垃圾掩埋了，罪魁祸首人类只得移居到太空，并且请一家叫 Buynlarge 的公司清除地球的垃圾，待万物更新时再飞回地球安居。Buynlarge 公司把这种叫 WALL－E 的机器人大批送往地球捡垃圾，但 WALL－E 并不适合地球的环境，大批量地来也大批量地坏，最后只剩下一个机器人还在日复一日地按照程序收拾废品。

◆"我爱你"这三个字，不只属于人类

◆WALL－E 下面是人类堆积的大量垃圾

　　故事就从这里开始，突然有一天，仅存的 WALL－E 开始有了自我意识，懂得什么是孤独。在孤独中瓦利有了人类的感情，在孤独中瓦利开始收集喜欢的小玩意，在孤独中瓦利迎来了伊娃。

在钢铁中铸人灵魂

科幻？爱情？随便吧

一艘飞船突然降落，一个女机器人伊娃来到地球执行搜寻任务，捡垃圾的机器人"爱"上了她，他跟随伊娃来到了人类唯一的居住地——巨大却无趣的太空飞床，又经过许许多多的机缘巧合，瓦利最终成为了人类能回归地球的功臣！

船长种下的是什么植物？

如果说，前面介绍的机器人影片赚足了人们的泪水，那么，这部略显轻松的机器人电影，则是阐述了一个完全相反的理念——"机器人，是拥有纯洁心灵的人类"，是机器人最终改变了人类的漂流境遇，最终拯救了人类。

看看吧，这就是我收集的宝贝！

我们惊奇地发现，作为机器人的瓦利，几乎拥有人类所有的美好品质，勤劳、勇敢、羞涩、忠诚……人类或许是在这个机器人身上寄托了许多自己盼望却无法得到的东西。同时，人类的退化也让观众触目惊心，不能行走，不能奔跑，享受全自动化人生的人类，是否就会失去其存在的价值？

◆看看吧，这就是我收集的宝贝！

天空才是极限——电影中的机器人

还好，这部影片的最后，留给了人类希望，看着船长一边种下的地球上"第一棵"植物，还一边憧憬着"面包树"，那憨态可掬的无可救药的乐天主义精神，怎么能不让人对人类的未来又充满憧憬呢？

也许正如许多伟大的专业影评人所说的，这部片子是一部不折不扣的爱情片，所谓机器人和科幻都只是外皮而已。但作为近些年来最好看、最美丽的有关机器人的电影，我们实在无法忽略这部影片的存在。套用一句老话，1000个读者心中有1000个哈姆雷特，你又怎么能确定不会有人因为这部影片爱上机器人，从而走上成为科学家的道路呢？

所以，爱情？科幻？让我们一起说，随便吧！

机器人角色设计

WALL-E，外型设计基础：望远镜＋方形垃圾箱，害怕时可缩进四肢变为方块。

EVE（伊娃），白色，光滑的流线形，一体化设计，可以飞行，攻守兼备，最先进的探测机器人。

AXIOM（公理号），供人类逃离地球后在太空居住的飞船，是完全由电脑控制的超级现代化生存空间。为飞船电脑配音的是西格妮·韦弗。

M-O（微生物清洁工），负责清理登上AXIOM飞船的外来污染物，当WALL-E登上飞船时，M-O如临大敌，因为WALL-E是他见过的最肮脏的机器人。

◆公理号

◆微生物清洁工

ZAI GANGTIEZHONG
ZHURU LINGHUN

在钢铁中铸人灵魂

拓展思考

1. 地球上的最后一个机器人WALL—E收集什么？
2. 人类的情感是如何在机器人身上体现的？

玩转机器人

天空才是极限——电影中的机器人

谁毁灭了谁？
——《终结者》

从1984年的《终结者》到2009年上映的《终结者：救世军》，时隔25年，终结者没有间断过触发全球影迷们兴奋的神经。

《终结者》独到深刻的科幻剧情与深含哲理的科学理念助推了全球的科幻风潮。其系列影片不仅代表了典型的美国式文化在全球的推广、渗透，也从另一个侧面反映了整个人类内心深处的担忧：人类究竟会不会被自己创造出来的机器人所毁灭？

◆《终结者》DVD封面

全球的科幻风潮

《终结者》由著名导演詹姆斯·卡梅隆（James Cameron）拍摄制作，一经推出就以独特的题材与剧情赢得了全球观众的口碑。

一系列的续作，不但继承了《终结者1》的所有气质，更以其火爆震撼的场面、极富个性的独特角色、宏大悲壮的剧情而在全球范围内"高烧不退"，整体素质让《终结者》影迷们热血沸腾。

ZAI GANGTIEZHONG
ZHURU LINGHUN

在钢铁中铸入灵魂

《终结者》围绕的整个主题就是"天网"这个人类制造的产物,由于其高智能化,从而反过来意欲终结人类的统治。

片中不仅仅有最伟大的硬汉形象——施瓦辛格,还有让人过目难忘的液态金属机器人,俗话说"外行看热闹,内行看门道",今天的主要任务就是把大家领入内行的门道。

 **知 识 窗**

关于《终结者》

在大多数电影人眼中,终结者系列和异形系列可谓是20世纪80年代比肩齐重的科幻电影、创世纪的两大里程碑。如果异形系列映射了对生物克隆技术发展前景的恐惧,终结者系列则是开机器具有自我意识、占领统治未来理论的先河。

玩转机器人

液态机器人

《终结者》电影中给观众留下最深印象的,除了坚毅铁血的施瓦辛格,就是无孔不入的液态金属机器人了。(斯瓦辛格和本节内容无关,他的粉丝可以直接跳过)

液态机器人的概念可以说早已有之,可是能将其如此逼真、如此神奇地再现在宽银幕上,还是第一次。

◆液态机器人走出火海

◆液态机器人穿过铁栅栏

天空才是极限——电影中的机器人

你会想当然地提出疑问：它为什么会在液氮里凝固破碎？遇钢水融化凝合？握着铁栏杆手上出现栏杆的花纹？踩到地板出现地板的花纹？它既然是液态金属为什么会有智慧思维，有视觉听觉，能说话？

很遗憾，这个世界上没有人能回答你的问题，因为如同影片中的液态机器人技术还需要长时间的发展才能实现，但是这里有一则消息，也许能暂时缓解你的疑问。

新材料的出现

据美国《国防杂志》报道，美国五角大楼研制出一种新型材料。新材料的神奇性能来自其内部的泡沫结构。这种材料由金属镁、铝与其他特殊材料混合而成，熔点低。当它还处在液态状态时，工人通过高压气泵，向其注入轻质材料组成的中空小颗粒，形成千万个只有在显微状态下才可见的"小气球"。

◆电影里的液态机器人可能成为现实

装甲车一旦遭到火箭弹、榴弹及其他重型武器袭击，材料中的这些气泡破裂，受撞产生的裂缝在数秒内会被气流携带的液体填补迅速愈合。待其凝固后，它们就能使任何形式的裂缝重新闭合。

美国国防部高等研究计划局向 Tufts 大学的科学家们提供了一份价值330万美元的合约，用以开发一种新型的化学机器人。据悉，这种机器人具有极强的柔韧性与延展性，不但能够渗透入直径为1厘米的空间，而且能够扩展至原有大小的10倍，并且最终通过生物降解化为无形。

美国科学家们一直希望使用高智能设备来代替人类从事危险复杂的活动，但是目前的机器人大多由坚硬的材料构成，难以适应环境的多变性和复杂性，而只能从事最简单的探索工作。

化学机器人

化学机器人的设计主要依赖于毛虫神经系统的精密性及二元共聚物的

在钢铁中铸人灵魂

物质特性。一方面,设计者将模仿毛虫的灵活性、爬行能力及身体延展性来完成机器人的创造;而另一方面,他们将使用现有的人造软质材料制造化学机器人的原型,然后使用具有生物兼容性及生物降解性的新型材料来制作最终产品。使用生物降解材料将大大扩宽化学机器人的使用范围。

链接——化学机器人的神奇用途

化学机器人一旦研制成功,将能够从事诸如复杂空间、顺绳索攀行、爬树等一系列活动,它对人类活动所作出的贡献,将远远超过现有的机器人。据预测,这种化学机器人将极大地扩展目前的科学研究范围,进入各种复杂的环境进行探索研究。化学机器人还将具有高效节能的特征,在低耗状态下探明环境后,再恢复到原形来完成任务。比如,它将可以进入爆炸装置内进行数据收集并拆除该爆炸装置。此外,它还能够执行排雷、救援、医疗诊断等多项任务。

广角镜——影片评价

在2000年的一次投票中,《终结者》获得了"20世纪最值得珍藏电影"的头衔。而这部电影是早在评选活动11年前就拍摄完毕的科幻片,在电脑特效技术已经相当完善的2000年,票数位居第一可谓是当时的一大新闻。

《终结者》的冠军地位绝非浪得虚名,虽然机器人消灭人类的题材并非新鲜,然而它所表现出的强烈的美国式个人英雄主义风格和出色的电影平衡性和完美特效是独树一帜、别出心裁的,令观众无不拍手称赞。

点击

《终结者2》获得该年最佳视觉效果、最佳音响、最佳化妆和最佳音效剪辑四项奥斯卡奖。

又是机器人灭绝人类!

2029年,地球被机械器人全面主宰,机器人将进一步处心积虑地赶尽

天空才是极限——电影中的机器人

杀绝全人类！为了遏止人类的反制行动，机器人打算改变人类的过去以摧毁人类的未来，于是他们派遣刀枪不入的机器人—未来战士。人类真的会就此灭绝？

《终结者》的程序非常简单：毁灭，偶尔保护，必要时退出。这些基本指令战胜了一切，甚至于这个故事的时间线索是如此复杂，看似矛盾又形成了一个自我循环：在不远的未来，智能机器人的核武器已经将人类文明毁灭殆尽。

相信关于机器人和人类共存的方式，我们前面已经做了足够的讨论，而且大家也已经非常明确，这个问题只能给予分析，却无法得出答案。值得庆幸的是，我们现在仍然可以高坐在家中，悠闲地一边看书或看电影，一边进行着关于智能机器人的杞人忧天的思考。

而如果你要执意去寻找那些无法得出的答案，很好，你很可能成为未来机器人科学的领导者！但是对于大多数人来说，这些设想还不如交给电影导演当做赚钱的工具来得现实些。

资料库——经典 T 系列机器人

● T－700（2024 年～2026 年间生产）。第一个极具人类特征的机器人：相似的皮肤、肌肉系统、身体语言，它有一套更加出色的人类行为数据库，非常和蔼的声音。但是由于一系列的软件 Bug，CPU 的性能不如前几代。

● T－600（2022 年生产）。一种巨大、恶心的巨型机器人。这种机器人比 T－800 更容易被发现，但它们可以随时拿起一挺转管机枪，火力更加强大。

● T－1000。为液态金属，可以变成任何一种形状，可以复制任何生物体的外表，可以和任何人类进行直接接触；一个极其复杂的机械装置，并且可以用任何金属物体作为能量补充。

● T－X。具备 T－800 的特征和 T－1000 的液态金属，T－X 比《终结者 2》中的 T－1000 更为致命。T－X 有着与 T－1000 一样的变形能力，它可以完全复制接触过的敌人的技能、程序，并且可以植入自己的程序，控制它们，可以随意变换成另一个人，而且它甚至可以完全在你面前消失或完全以一种能量体的形态存活。

 **在钢铁中铸人灵魂**

 拓展思考

1. 《终结者》系列影片中出现过哪些形态的机器人？
2. 第一个极具人类特征的机器人是什么样的？

玩转机器人

天空才是极限——电影中的机器人

WANZHUAN JIQIREN

来自外星的朋友
——《变形金刚》

变形金刚,是我们耳熟能详的字眼。此部不朽的经典之作伴随了全世界很多人的童年,而如今电影版的上映,又掀起了一阵机器人的巨浪!

剧中令人惊叹的、眼花缭乱的机械变形深受人们喜欢。导演迈克尔·贝指导下的机器人造型设计具有鲜明的风格,格外强调了机器人运动学和现实工程技术的表现张力。让我们一起走近来自外星的朋友——《变形金刚》。

◆《变形金刚》海报封面

儿时的梦想

变形金刚,一部原本只为促销玩具的广告动画片,自它诞生起,它的

玩转机器人

"玩转科学"系列　　　　　　　　·133·

ZAI GANGTIEZHONG ZHURU LINGHUN
在钢铁中铸人灵魂

◆动画版《变形金刚》属于我们儿时的回忆

成就已远远超乎了始创的预想，整整影响了一代青少年，成为有史以来最成功的商业动画片之一，时至今日，新作、续作层出不穷，魅力之大，活力之强，可见一斑。

下面就让我们走进时间的隧道一起去回忆曾经属于《变形金刚》的时光。

 **点击——"变身"实在是酷**

本片中视为重中之重、令观众尖叫洒泪的"变形"过程并非"动作捕捉"能应付，从而只能用"移动轨迹动画"的形式来制作了。

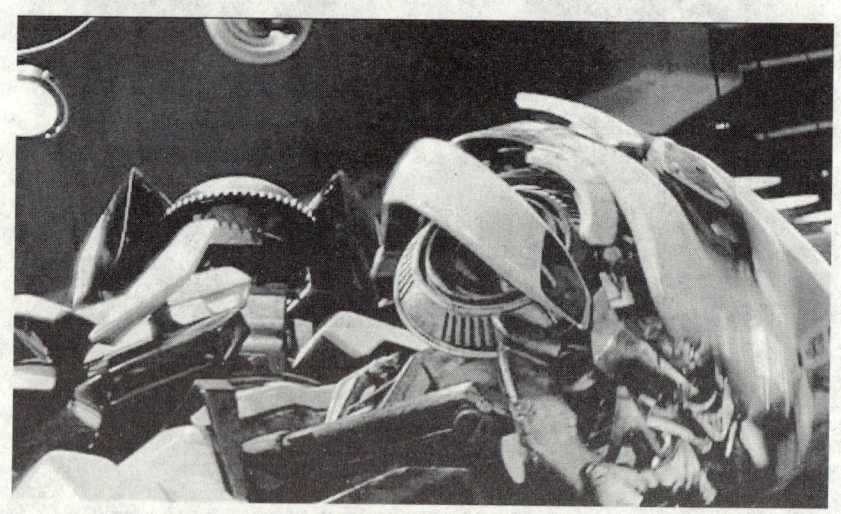

◆"大黄蜂"超酷变身过程，不愧是强大的外星科技

天空才是极限——电影中的机器人

基于"变形金刚"们的超复杂结构,这部分也是最耗费特效工作组时间与精力的。当然,出于成本考虑,特效组不会真的将变形的动画过程精确到单个零件;但可以肯定的是,至少会分成相对较大的"功能部位",主要表现这些功能部位的分解、移位与组合。

在一次变形过程中,机器人的数千个元件会同时运动,从而避免了变形金刚动画片中变形金刚的体积和质量可以随意变小变大这一较难用日常物理解释的现象。

这次,人类只是一个配角

与以往机器人良师益友、乖巧可爱,或者残忍好杀的形象不同,此次,汽车人成为了拯救人类的英雄!在片中人类是一个重要的配角,但是又仅仅只是一个配角,机器人的伟大力量再一次得到了体现,所不同的是,这次的的确确是在正确的方面。人类终于抛下了与机器人世世代代的争端,安安心心地享受了一回被保护者的幸福角色。

机器人战争时代将到来?

变形金刚的热潮使得大家对人形机器人有一种独特的好感,于是,机器人士兵的众多优点引起了美、英等军事大国的强烈关注。美国有科学家曾经表示,他们已经成功地研制出可以利用脑电波进行控制的机器人。军事专家指出,如果这种机器人也上了战场,将会对战争态势造成巨大的冲击。

面对越来越多的新型机器人参战,有美国媒体惊呼:这是一场巨大的革命,酝酿了几十年的机器人战争时代即将到来!未来,

◆电影中的"擎天柱"

ZAI GANGTIEZHONG
ZHURU LINGHUN

在钢铁中铸人灵魂

机器人士兵成群结队地杀上战场看来也并非不可能。

广角镜——《变形金刚》机种介绍

擎天柱：汽车人的首领，很多年前他被"the Matrixof Leadership"（值于机器人首领胸中的一种固件，相当于王冠）选中成为新的首领，他谦逊地接受了，从此由赛伯博恩星球上一名普通的劳动阶级机器人变成了宇宙中最强大的仁爱之师——汽车人的首领，当他带领着部下准备作战时，总会说那句著名的台词"汽车人，变形！"

威震天：狂派霸天虎们的冷酷领导，《变形金刚》里面的大反派，能变成喷射飞船、坦克，但通常变形后是一把枪。在赛伯博恩星球上，威震天领导的狂派和擎天柱领导的博派展开了一场内战，这场大战耗尽了星球上的大部分能源，双方都开始前往其他星球寻找能源。期间威震天带着他的精锐部队跟踪并袭击了汽车人的宇宙方舟，结果致使两派的飞船坠落在地球上，多年以后火山爆发唤醒了"一号瞭望器"电脑，方舟上的威震天和霸天虎机器人被一一修复。

玩转机器人

◆擎天柱：汽车人的首领

◆威震天：狂派霸天虎们的冷酷领导

天空才是极限——电影中的机器人

1. 电影中的机器人是怎样完成变形的?
2. 擎天柱是怎样一种汽车造型?
3. 你还能说出其他机器人的名字吗?

玩转机器人

在钢铁中铸入灵魂

儿时的梦想
——《哆啦A梦》

可爱的哆啦A梦是日本著名漫画故事中的主角,一只来自未来世界的猫型机器人,用自己神奇的百宝袋和各种奇妙的道具帮助主人大雄解决各种困难。

机器猫可谓是机器人与人类和谐共处的最好典范。相信我们儿时都曾幻想着能拥有一个像机器猫一样会神奇魔法的朋友吧。在这一小节,让我们共同重温儿时关于机器人的梦!

机器猫档案

哆啦A梦

红外线眼睛:在黑暗中也能看清。

红外线超级电子计算机:哆啦A梦个头虽小,本领可不得了!它安装了情感电路,有像人一样的感情。

强力鼻:嗅觉灵敏度是人的20倍,已失灵,但还是能闻到他的最爱——铜锣烧。

巨型嘴:能放下一个大号洗脸盆。

雷达胡须:能探测远处物体,已失灵。

召集猫的铃铛:已出故障,现改作存储应急物品(时空转换器)的盒子,小型的相机。

天空才是极限——电影中的机器人

原子炉：能将吃进去的东西转化为原子能，且不产生废物。**吸盘手**：别看是圆圆的，能吸住许多东西。

最喜欢的食物：铜锣烧（原因：在2112年的一次考试中，哆啦A梦考砸了，但是得到了当时跳舞很出色的舞蹈型机器人——咪咪小姐的鼓励，当时咪咪小姐就给了失落的哆啦A梦一个铜锣烧，哆啦A梦发现铜锣烧好好吃，就爱上了铜锣烧）。

最害怕：老鼠（原因：在大雄的曾孙子小世10岁的时候，为报答哆啦A梦，制作了一个粘土哆啦，只因为耳朵不像，他就让手工机器鼠修改耳朵，但是机器鼠理解错了，把哆啦A梦的耳朵咬得与粘土哆啦一样，最后在机器人医院失误把耳朵切除了）。

讨厌：冷天、热天、被别人叫狸猫、去医院看病。

▲哆啦A梦构造图

原来我们的哆啦A梦，也有这么详细的设计，也许这些最初幻想般的设计，能在将来带来灵机一动的设计灵感呢。

性格反映态度

哆啦A梦心肠好，乐于助人，做事很拼命，但却心肠软。他总会在大雄遇到困难时帮助他。当他吃不到铜锣烧或人们叫他狸猫时，脾气会非常暴躁。这样一种性格的塑造，充分阐述了日本电影业对于机器人的认识，也侧面反映了日本这个国家对于机器人的认识。

动画片可以满足儿童的娱乐需要和获得生活咨询的需要。机器猫就恰恰迎合了儿童及青少年甚至成人的这种心理需要。而以儿童为主体对象的

在钢铁中铸人灵魂

机器猫,也在潜移默化地影响儿童对待机器人的心理改造上做出了很大的贡献。

人们会徜徉在哆啦A梦带给我们的神秘宝贝里,惊奇于机器猫带给我们的纷繁世界。在观看影片时的欢乐声中收获了喜悦,在喜悦的同时也不由自主的接受了机器人是我们同伴的概念。

名人名言

宫师雄:哆啦A梦对我而言,是一贴再好不过的止痛药。简单一句"哆啦A梦就在我身边"尽可成为自我激励和安慰的魔咒,轻轻抚平心灵创伤的每一点小小创口。

人类对机器人的态度

◆握手,是最好的选择

最后一节,我们总结一下人类对于机器人的态度,大概可分为三种。

一种是认为机器人发展下去必然会威胁到人类的存在,甚至会使人类灭绝,在电影中对这一态度表现最为强烈的,应是前面提到的《终结者》。

另一种则认为,机器人完全可以成为人类的朋友。《星球大战》中的机器人形象代言人R2D2和3PO就是这种态度的产物,类似的还有终结者和本节的哆啦A梦。

近年来,第三种态度又逐渐形成,即认为应该赋予机器人"人权"。对这种态度进行思考的,包括《A.I.》、《变人》等,内容都是关于机器人

天空才是极限——电影中的机器人

努力把自己变成"人"的故事。而在《变形金刚》中，干脆就把外星球的智慧生命的形象直接赋予机器人。

这三种态度将伴随着人类和机器人的发展直到所有猜测都尘埃落定的一天，从一种特别的角度来看，无论是爆发战争还是立法限定，人类的发展越来越离不开机器人是不可更改的现实，我们不会在赢得了与机器人的战斗之后，就回到原本低级的手工作业。所以，最终的谈判与和平是人类的唯一选择。

既然这样，何不从一开始，就阻止那些无意义战争的发生呢？

其实很简单

我们再看哆啦A梦的时候，没有人会想到这只可爱的保姆猫只是个机器人，他无权拥有和人类一样平等的地位，他无权吃铜锣烧，无权睡在那个傻乎乎的大雄的房间里。

我们是否会在回忆时醒悟，原来自己早就接受了机器人作为自己同类的观点，原来这一切，并不需要多大的心理跨越，当拥有一个可爱、热情，还偶尔犯点傻的朋友在我们身边陪伴时，我们真的会在乎他是不是人类吗？

◆我们是朋友，就这么简单

感谢漫画家给了我们这么一只可爱的哆啦A梦，也许在未来，人类真的拥有了像哆啦A梦一样的智能机器人，那时，请记起在"古代"，已经有了这么一个伟大的范例和先驱！

ZAI GANGTIEZHONG
ZHURU LINGHUN

在钢铁中铸人灵魂

拓展思考

1. 导演是怎样构建《机器猫》影片中的主角哆啦A梦的？
2. 哆啦A梦代表了日本对待机器人怎么样的态度？
3. 就文中最后一段的观点，进行一下深入的思考。

玩转机器人

来看我!
——奥运会和世博会中使用的机器人

"工欲善其事,必先利其器。"人类在认识自然、改造自然、推动社会进步的过程中,不断地创造出各种各样为人类服务的工具,其中许多具有划时代的意义。

世博会是一个富有特色的讲坛,它鼓励人类发挥创造性和主动参与性,它更鼓励人类把科学性和情感结合起来,将种种有助于人类发展的新概念、新观念、新技术展现在世人面前。因此,世博会被誉为世界经济、科技、文化的"奥林匹克"盛会。

世博会都以展示最新科技产品著称,在近年的世博会上,最突出的科技亮点就是机器人,尤其是已经进化到"直立行走"时代的人形机器人。

来看我！——奥运会和世博会中使用的机器人

WANZHUAN JIQIREN

铁面无私
——安保机器人

北京奥运会和上海世博会举世瞩目，围绕"平安奥运"、"平安世博"的目标，军队参加安全保卫工作是国际惯例。面对安保的严峻形势，履行安保神圣使命，打赢安保这场硬仗，一个个铁面无私的安保机器人已悄然登陆奥运会和世博会安全保卫战中。说到这，你一定非常想知道这些安全卫士究竟是如何正义为民、履行职责的吧，那么让我们快快去认识他们吧！

◆北京奥运安保武器

玩转机器人

奥运会——安保机器人

全球眼

"全球眼"视频监控系统对飞云江港口船舶进行实时监控（7月11日拍摄）。眼下正值东海伏季休渔期，大量渔船进入港口集中停泊。浙江省温州市边防支队在港口码头的重要地段配置"全球眼"视频监控系统，实施24小时监控，以提高

◆"全球眼"视频监控系统

"玩转科学"系列 · 145 ·

在钢铁中铸人灵魂

奥运安保期间港口反恐、处突的快速反应能力。

排爆机器人

排爆机器人是"秘密武器"中的明星,"身价"不菲。它可用于各种复杂地形进行排爆。具有出众的爬坡、爬楼能力,能灵活抓起多种形状、各种摆放位置和姿势的嫌疑物品。最大爬坡能力为45度楼梯,可远距离连续销毁爆炸物。还标配可遥控转动彩色摄像机,其中大变焦摄像机可128倍放大,确保观察无死角。

◆"别说话,我在工作"

目前,它在国内同类装备中处于领先地位,只有少数城市拥有这种机器人。

威霸龙

这台新型机器人名叫"威霸龙",长125厘米、高100厘米,重328千克,主要用于排除爆炸物、检查处理核放射危险品和营救人质等方面。与众不同的是,除远程无线遥控外,它的工作臂转台在底座上可以360度正反方向连续旋转,手臂最长伸展距离可达3.5米,还能负载150千克的重量。此

◆威霸龙

外,"威霸龙"机身上装有4台彩色摄像机,可以实现全方位监控,操作人员还能通过机器人身上的语音传输系统实时通话。

来看我！——奥运会和世博会中使用的机器人

世博会——安保机器人

世博会的安全问题备受关注。随着机器人技术的不断成熟，机器人作为一支特殊力量参与安保工作正逐渐增多。今年上海世博会期间，将有不少机器人发挥作用。

车底检查机器人

车底检查机器人如同一个平板玩具车，可以钻到各种车辆的底部。灵活的移动方式，可以使操作者自由控制机器人漫游于停车场以及临时停车位。

车底检查机器人适用于举行大型活动场所的停车场，是进行高效率安检必不可少的警用特种装备。

◆移动式车底检查机器人检查汽车安全

它的出现改变了以往人工使用反射镜检查车底的状况，提高了效率，降低了传统人工方式产生死角的可能性。

安全巡逻机器人

用于世博会的安全巡逻机器人由一款家居监控机器人改造而成。它带有两个小轮子，靠电力推动，可在世博场馆中漫游巡逻。它不但能像世博志愿者那样为参观者取物、倒水，而且能像工作人员那样开关门窗、遥控电器，还能监测火灾、烟雾、人群异常情况等。同时，它还带有微型电脑、摄影机和无线发射器，可以把观察到的画面不断传输到安保控制中心，以便安保人员及时作出反应。

ZAI GANGTIEZHONG
ZHURU LINGHUN

在钢铁中铸人灵魂

◆您好，厕所在那边

玩转机器人

T—34 安保机器人

逢年过节，都有一些写字楼因为放假而空荡荡的，安全保卫力量也相对薄弱一些，这就给了一些犯罪分子有可趁之机。为此，日本一家机器人公司开发了一种安保机器人，它不但可以在大楼里四处巡逻，发现坏人后还会报警，并撒网捉住坏人。

这款安保机器人名为 T34，它的外形像一台小型四轮载物车。T34 最高时速 10 千米，指挥者可

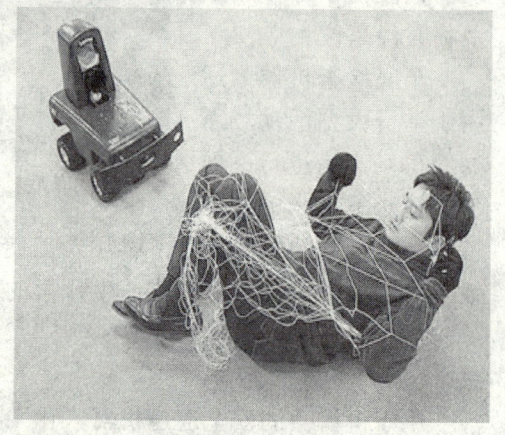

◆嘿嘿，你往哪跑？

通过手机观看 T34 所在位置的现场影像，并下达指令。放假期间，安保机器人在大楼里四处巡逻，发现可疑人士就通过无线网络向负责大楼安保的人报警。安保机器人有摄像头，可以通过无线网络传输巡逻之处拍摄到的图像。

安保机器人捕捉坏人的网是利用凯芙拉高分子材料制成的，只能从外面解开，用刀也割不破，对不法分子有很强的威慑力。研究人员表示：

来看我！——奥运会和世博会中使用的机器人

WANZHUAN
JIQIREN

"一般的安保报警装置经常会发出假警报，而利用机器人查看现场和传输图像，可以分辨真假警报，不会浪费执法人员的时间，可以更有效地执行任务。"

拓展思考

1．"全球眼"视频监控系统是如何进行监控的？这对信息化时代安保提出了怎样的新目标？
2．世博会安全巡逻机器人都有什么特别之处呢？请举例说明。

ZAI GANGTIEZHONG
ZHURU LINGHUN
在钢铁中铸入灵魂

玩转机器人

独领风骚
——排爆机器人

◆排爆机器人

排爆机器人,顾名思义,是排爆人员用于处置或销毁爆炸可疑物的专用器材,避免不必要的人员伤亡,它可用于在各种复杂地形进行排爆。排爆机器人主要用于代替排爆人员搬运、转移爆炸可疑物品及其他有害危险品;代替排爆人员使用爆炸物销毁器销毁炸弹;代替现场安检人员实地勘察,实时传输现场图像;可配备散弹枪对犯罪分子进行攻击;可配备探测器材检查危险场所及危险物品。下面,让我们一起走进排爆机器人的世界,做一次更深入的了解。

走进排爆机器人之家

排爆机器人的分类

按照操作方法,排爆机器人分为两种:一种是远程操控型机器人,在可视条件下进行人为排爆,也就是人是司令,排爆机器人是命令执行官;另一种是自动型排爆机器人,先把程序编入磁盘,再将磁盘插入机器人身体里,让机器人能分辨出什么是危险物品,以便排除险情。由于成本较高,所以很少用,一般是在很危急的时候才使用。

按照行进方式,排爆机器人分为轮式及履带式,它们一般体积不大,

来看我！——奥运会和世博会中使用的机器人

转向灵活，便于在狭窄的地方工作，操作人员可以在几百米到几千米以外通过无线电或光缆控制其活动。机器人车上一般装有多台彩色CCD摄像机，用来对爆炸物进行观察；一个多自由度机械手，用它的手爪或夹钳可将爆炸物的引信或雷管拧下来，并把爆炸物运走；车上还装有猎枪，利用激光指示器瞄准后，可把爆炸物的定时装置及引爆装置击毁；有的机器人还装有高压水枪，可以切割爆炸物。

各国的排爆精英

在西方国家中，恐怖活动始终是个令当局头疼的问题。英国由于民族矛盾，饱受爆炸物的威胁，因而其早在20世纪60年代就研制成功排爆机器人。英国研制的履带式"手推车"及"超级手推车"排爆机器人，已向50多个国家的军警机构售出了800台以上。最近英国又将手推车机器人加以优化，研制出"土拨鼠"及"野牛"两种遥控电动排爆机器人，英国皇家工程兵在波黑及科索沃都用它们探测及处理爆炸物。"土拨鼠"重35千克，在桅杆上装有两台摄像机。"野牛"重210千克，可携带100千克负载。两者均采用无线电控制系统，遥控距离约1千米。

◆美国乌山基地的机器人

在法国，空军、陆军和警察署都购买了Cybernetics公司研制的TRS200中型排爆机器人。DM公司研制的RM35机器人也被巴黎机场管理局选中。

德国驻波黑的维和部队则装备了Telerob公司的MV4系列机器人。

美国Remotec公司的Andros系列机器人受到各国军警部门的欢迎，白宫及国会大厦的警察局都购买了这种机器人。在南非总统选举之前，警方购买了4台AndrosVIA型机器人，它们在选举过程中总共执行了100多

在钢铁中铸人灵魂

次任务。Andros机器人可用于小型随机爆炸物的处理，它是美国空军客机及客车上使用的唯一的机器人。海湾战争后，美国海军也曾用这种机器人在沙特阿拉伯和科威特的空军基地清理地雷及未爆炸的弹药。美国空军还派出5台Andros机器人前往科索沃，用于爆炸物及子炮弹的清理。空军每个现役排爆小队及航空救援中心都装备有一台AndrosⅥ，可以上楼梯，配备40颗子弹。

沈阳奥运排爆机器人

◆排爆英雄

这款排爆机器人外形酷似火星探测机器人。它的结构十分紧凑，两排6轮驱动，车轮外覆盖着抓地橡胶履带，移动非常迅速。这台排爆机器人的身上带有5个摄像头，这就是它的"眼睛"。机器人通过"眼睛"把看到的现场传输到遥控装置的液晶显示屏上，操作人员通过显示屏上的情况进行操作。

这台排爆机器人还配有红外线夜视系统，可以在夜间进行排爆。遥控器的最远控制距离约100米，通过对遥控器上各种按钮的操纵，机器人张开"手掌"将模拟爆炸物抓起，快速地运送到几十米外的排爆罐中。机器人可以抓起重达80千克的爆炸物。机器人还有一条备用延长手臂可以抓取高处、远处的爆炸物。

沈阳奥运用排爆机器人被人称之为"秘密武器"，它与便携式X光检查系统、红外线伸缩视频探测器、危险液体探测仪等高科技产品同步广泛应用于奥运安保工作中。

来看我！——奥运会和世博会中使用的机器人

世博会排爆机器人

2009上海国际消防保安技术设备展览会首次展出了部分消防排爆设备，其中最引人注目的是3个排爆机器人，这些排爆机器人是为保卫世博会专门购买的。这3个黑色涂装的机器人刚出现在展览中心，就引起众多观众的围观。

据操作人员介绍，两个带自动抓手的机器人为中小型排爆机器人，它们可遥控抓取爆炸物、处置疑似爆炸物品，并配备有锥形的前置履带，可迅速攀爬楼梯。而另一台如同平板一般的机器人则是智能车底检测机器

◆世博会"防爆手"

人，主要用于车辆安检搜爆、检查车辆的底部。

在本次展览会上，还专门展出了2008年汶川抗震救灾中大显神威、立下汗马功劳的尖端救援设备。它们中有在废墟中探寻生命迹象、确定被困者方位的可视生命探测仪，音频生命探测仪；能够打碎钢筋混凝土的破碎镐、手动冲击钻等破拆工具以及圆盘切割锯、金刚石链锯、液压剪扩器等特种救援设备。

除了救援设备外，在LA100型火灾安全监控系统演示区，记者看到新型的火灾安全监控系统能模仿人的"眼"、"鼻"，对空间实施监控。所谓"眼"即指"电子眼"，它可对空间进行实时的视频监控，"鼻"则是一种感应系统，一旦发现烟雾会第一时间向系统发回信号。

链接——Raptor排爆机器人的性能指标

长宽高：820×430×550（毫米）。

在钢铁中铸人灵魂

重量：49千克（全配置）。

运动灵活，最高速度20米/分钟。

满负荷连续工作2小时以上。

碳纤维结构的、伸长达1.25米的机械手上直接架设水炮枪，任务处置更灵活。

可以在各种地形环境工作，包括楼宇、户外、建筑工地、会场内、机舱内，甚至坑道、废墟。

抓持能力达5~15千克的4关节机械手，可以轻松处置藏于汽车底部的可疑物品。

防护等级达到IP65，使机器人满足全天候工作条件，即使在积水路面，机器人仍能正常执行任务。

自带强光照明，在黑暗中操作时可以准确分辨物体颜色及位置。

双向语音通信系统可以使指挥中心和现场人员及时交换信息。

Raptor排爆机器人是列入国家863项目开展的课题，现在已经开发到第二代样机，经过天津的武警部队试用反映良好。该机器人具有体积小、布置迅速，可以对突发事件进行快速反应的能力。

玩转机器人

拓展思考

1. 排爆机器人共分哪几类？请分别简述它们的特点。
2. 沈阳奥运分会场中的排爆机器人是如何为奥运安保服务的？

来看我!——奥运会和世博会中使用的机器人

热情好客
——福娃机器人

奥运福娃,已经深入人心,深受全国和世界人民的喜爱,是北京奥运无可替代的形象使者。人们期待更具特色、创新性和高科技的吉祥物福娃出现在各种活动中。

"智能福娃机器人"正是运用了多项自主创新的高科技成果,有很

◆智能福娃机器人

强的文化、艺术形象和娱乐、实用功能,她成为奥运场馆、宾馆饭店和旅游、游乐等场所的独特亮点;联合奥组委、各种大型活动和各级创新型政府为奥运添彩,为宣传奥运、迎接奥运服务;为创新型企业、愿意为北京奥运做公益贡献的企业创造新的形象。请大家跟随我们,走近热情好客的福娃机器人吧!

奥运史上的首创

"科技奥运"是北京2008年奥运会的重要特点之一,作为中国科研工作的国家队,如何用自己的实际行动支持奥运,如何以独特的高科技方式参与奥运,是中国科学院机器人研究工作者的职责,基于此,中国科学院自动化研究所联合纳伟仕(集团)有限公司,在几十年技术积累的基础

在钢铁中铸人灵魂

上，经过一年多的悉心研究，成功开发出国内首台（套）"智能福娃机器人"，她是奥运史上"智能奥运吉祥物"的首创。

大型福娃机器人

直径 2500 毫米，高 2380 毫米，重约 590 千克的福娃大哥"欢欢"站立在圆形大舞台的中央，其他 4 个福娃环绕在其四周，靓丽壮观，福娃和整个舞台将"舞动"起来，共同代表北京奥运会欢迎各国来宾，为各国来宾表演节目，宣传北京、宣传中国、宣传奥运，普及奥运知识，与来宾对话，发布奥运信息和奥运比赛盛况，与各国来宾短信互动、语音互动。

◆ 大型福娃机器人

◆ 首都国际机场的智能福娃机器人

智能福娃机器人直径 1200 毫米，高 2000 毫米，重约 105 千克，具备组合式大型福娃机器人的大部分功能，分别以各自不同的文化底蕴和技艺为"科技奥运"服务。

她能够更好地诠释"科技奥运"，为北京奥运增光添彩，提升北京的国际地位和形象。各国政府、各地政府、各企事业单位、

来看我！——奥运会和世博会中使用的机器人

团体和个人为支持奥运、服务奥运做贡献，广泛合作，给"个性化独体福娃机器人"插上了腾飞的翅膀。

智能产品——福娃机器人

福娃机器人集成了先进的自动控制技术和语音技术，不仅用动作和表情表达自己的状态，还能用汉语、英语等语言进行简单的人机对话。

"我是奥运福娃欢欢，我最喜欢红色……"，这充满童趣的语音，出自纳伟仕集团与中科院自动化所联合研制的福娃机器人。"机器人及其关键技术"一直是该所重要的研究方向，福娃机器人就是利用先进的控制技术，通过语音对话、声光电效果来演示机器人的先进特性。例如你问他"你叫什么名字"，他会说"我叫欢欢"；如果你问北京奥运会是哪一天，他则回答"2008年8月8日"。"福娃"能听懂你的话，原理来自高性能的语音识别技术，该技术能够记录声音并将其转化成数字信号，再通过计算机强大的处理功能和先进的语音识别处理算法识别其含义；而语音合成技术和对话系统管理技术，又保证了福娃能准确无误地输出会话语言。福娃像人的眼睛能转，瞳孔能发光，嘴巴还会根据讲话的语速一张一合，这样的形态效果是由特定的显示装置实现的，可根据语言内容表达出各种情绪。与机器人对话聊天的形式新奇、生动、有趣，易于为游客所接受，游客通过话筒与之对话，能够普及奥运知识，开展中外文化的交流，特别适合奥运期间在比赛场馆等公共场合应用。

背景资料

5个奥运福娃机器人在民航局及机场奥运团队支持下，由中国民航大学研制，于7月15日亮相首都国际机场T3航站楼。据项目组一位负责人透露，从开始研发到生产出来，共耗时一年半左右，大部分技术为国内自主研发。5个机器人研发和硬件成本约100万元，加上项目整个的投入，成本超过150万。

ZAI GANGTIEZHONG
ZHURU LINGHUN

在钢铁中铸人灵魂

热情好客智商高

"欢迎您来到北京国际机场"

这可不是空姐给旅客的欢迎词，而是奥运福娃机器人晶晶的问候。"能歌善舞"，并会12国外语的高智商奥运福娃，北京奥运会期间，将给到达北京国际机场国内外宾客，带来温馨服务。

由中国民航大学研制的5个奥运福娃机器人，2008年7月15日亮相首都国际机场T3航站楼以来，虽然处于测试

◆高智商福娃为游客服务

◆福娃机器人与游客热情交谈

来看我！——奥运会和世博会中使用的机器人

期，但已给游客们带来了很多有趣的服务。"你好！"一走近奥运福娃机器人晶晶，她会马上和你打招呼。这一声问候，一下子让人感到这是在热情好客的中国。

听了晶晶的问候，人们会对这个可爱的孩子产生诸多好奇。她怎么那么快地有反应呢？这样敏锐的感应力，如此甜美的问候声，让人更愿意把她看成是一位有感情的人，而不是冰冷的机器。

事实上她又确实是机器，她能如此敏锐，要归功于她身上的红外感应装置，只要旅客走进1米的感应范围，她就可以觉察到。

◆我们的"奥运五福娃"

高级摄影师

晶晶和她的同伴个个都聪明过人，良好的外语水平给人的印象是他们像全能的翻译家。更出奇的是，晶晶和她的同伴还能拍照。这几位摄影师水平可不赖，只要你在触摸屏上选择拍照栏目，然后手动书写自己的名字或者奥运问候语，晶晶便可以告诉你："请您看着我的眼睛微笑三秒钟"，瞬间，

◆游客们在与福娃妮妮合影留念

在钢铁中铸人灵魂

在屏幕上就可以看到你和晶晶的合影。

这些照片可以现场彩印打出,并且不会收取任何费用。但为了避免奥运会期间游客过多,照片可能不能及时冲洗出来,组委会方面表示届时可以把照片挂到相关网页上,由游客自行下载。

晶晶和她的同伴的手艺可不仅会摄影,他们还会唱歌。为了"表达"自己的热情,届时晶晶和她的同伴将给宾客们演唱奥运的曲目。除了唱歌,福娃机器人还"精通"舞蹈。晶晶和她的同伴不但多才多艺,更是助人为乐的"活雷锋"。

称职仆人

晶晶自身可以载重30千克左右,俨然一个大力士,在奥运期间,他们可以帮助旅客运送行李。奥运福娃机器人可以在候机区内任意行走,给游客提供相关的服务。福娃机器人的作息时间,主要是根据首都机场的航班多少的情况决定,奥运期间他们也完全可以做到24小时全部在岗。除了已经上岗的5个福娃机器人,在残奥会之前,福牛乐乐也将亮相首都机场,服务旅客。

拓展思考

1. 奥运史上,"智能奥运吉祥物"的首创有哪两种?请分别说出两者的特点及功用。

2. 福娃机器人可爱而高智商,看了本节的描述,你对奥运会用智能机器人有什么新的想法吗?

来看我！——奥运会和世博会中使用的机器人

上海之宝
——海宝机器人

2010年中国上海世博会吉祥物的名字叫"海宝"，意即"四海之宝"。

有一个神奇的小家伙，也叫"海宝"。他究竟是谁呢？让我们一起揭开上海世博会"海宝机器人"笼罩着的神秘面纱吧！

海宝机器人

海宝，2010年上海世博会的吉祥物，现在可是大名鼎鼎、名扬四海了。

◆世博会吉祥物——海宝

可是大家未必知道，海宝机器人是本届世博会吉祥物的最大亮点，能唱歌，会跳舞的海宝，必定会吸引最多的眼球！

由浙江大学领衔设计的"智能服务型"海宝机器人"身高1.55米，重达87千克，是以2010年上海世博会吉祥物形象而设计的一款高级人工智能服务机器人。它拥有俏皮的刘海，丰富的面部表情，灵活的身体，出色的语言能力，可爱、幽默的性格，可以结合表情和头部、手臂、腰部、底盘的动作表达自己的想法和情绪。它不仅能为游客提供服务，也能为各国来宾讲笑话、跳舞、唱歌。

◆海宝机器人登陆世博

在钢铁中铸人灵魂

海宝的诞生

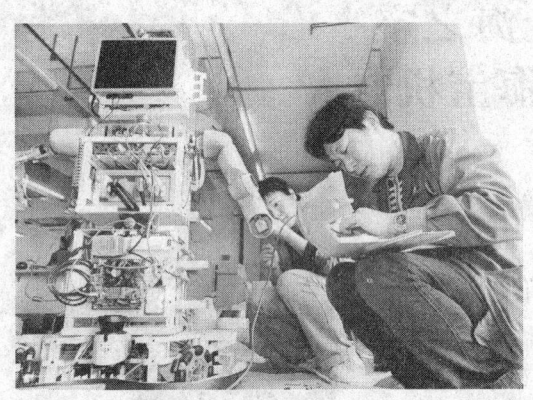

◆海宝的诞生过程

海宝机器人诞生于浙江大学,从人类"生理学"的角度讲,海宝的父亲,就是海宝机器人研发团队的负责人郑洪波。

"海宝"的爸爸有30多个,他们是浙江大学和中控科技集团的研发队伍。他们有着神奇的双手,可以把硬邦邦的机器,变成一个活蹦乱跳的生物,能动、能说话。2009年11月,该团队接到任务,负责软件设计、中控负责机器人硬件的组装等。

30多人加班加点,2010年3月7日,第一台"海宝"诞生。据了解,在世博会期间将有37台海宝机器人服务于世博会主要出入口、一轴四馆以及虹桥和浦东两大机场。

郑洪波说,世博是个大机遇。"我们终于能展示自己了,到时候,机器人大国日本、美国都会在自己的馆里放置机器人。所以,我们的海宝就是一场面向世界的产品秀。"

孪生兄弟——百变海宝

你知道吗?其实,还有一个海宝。

看看右边这位,1.8米的个头,100千克的体重,发光的蓝色身体,打着鲜艳的红领结,这个聪明的"帅小伙儿"是复旦大学自主研发的海宝机器人。

它不仅会讲外语、能歌善舞,而且还有百变的绝活!

原来,他的"大脑"中储存了几百套各国民族服装,还有一些经典的影视形象,例如超人、猫王等。它的中英文语音识别系统让海宝机器人可

来看我！——奥运会和世博会中使用的机器人

以与国内外宾客对话，向他们传递世博会的问候和欢迎。

站在海宝机器人面前挥挥手，它就会笑容可掬地挥手回应你；问候它一声"Hi"，它就会用很可爱的声音回答"Hi"，还会热情地问你"从哪里来？"你若回答"苏格兰"，它就会迅速换上苏格兰短裙，还会放一段动听的苏格兰风笛曲。

◆由复旦大学自主研发的模拟"大脑"、能识别客人并以礼相待的海宝机器人

他还可以为游客拍照合影，并把游客的头像瞬间显示在自己胸前，然后给游客一个幸运数字，表示是当天第X位观众与海宝合影，体现出"我是海宝"的概念。

海宝机器人有一个模拟大脑皮层结构的"脑子"，具备发育学习的能力。例如，拿个皮球放在机器人面前，

◆你认识"他们"吗？

反复多次告诉它这是什么，它就能识别这个皮球，就像小孩子学习认识新事物一样。这位更加新潮的百变海宝，由上海复旦大学设计制造。

期待海宝

世博会可以说是各国争奇斗艳的展示舞台，机器人领域当然也囊括其中，想象一下，我们的海宝与日本的高仿人机器人、德国的工业机器人一起同台献艺的场景，又怎么能不让我们万分期待，恨不得时间飞奔！不过，你可要想好了，你是否拥有世博会几乎"抢疯了"的门票呢？想必这其中，应该少不了海宝的魅力分吧！

在钢铁中铸人灵魂

知识扩展

"海宝机器人"的生产成本大约为一辆中档轿车的价格,集成了多种传感器信号的采集、多关节运动控制,以及人脸检测、人脸识别、语音识别、定位、导航、运动规划、多任务决策规划等多种先进技术。随着科技的进步,海宝和它的后代们或将进一步应用于家庭、医护、助老助残等领域。

拓展思考

1. 说说海宝机器人在哪里诞生?
2. 试着给两位海宝机器人做一下对比,你更喜欢哪一位?
3. 查查资料,看看世博会上都有哪些国家的机器人?

来看我！——奥运会和世博会中使用的机器人

与人抢镜
——乐坊机器人

音乐一直伴随着人类发展的历程。

音乐，聆听中遇见生命真谛，畅流惬意；舞蹈，赏析中感知生活美丽，舒展浑朴；乐器，演奏中传递爱意，温馨清润。当这灵韵的三者相结合并由机器人表现出来时，一定会带给您耳目一新的感觉吧！

◆传说中希罗制造的自动发声装置

其实，音乐机器人早已有之，上溯公元前11世纪到公元前9世纪，在伟大的《荷马史诗》的记载中，就有希腊天神赫菲斯托斯制造出音乐机器人的故事。

而今，万国目光聚焦上海，世博会中的美女乐坊机器人正是以其温文尔雅、精致多才，为世博会平添几分妩媚的色彩！

偃师造人

先来告诉大家一个神奇的故事，这是在古老的历史文献《列子》中记载的。

周穆王前去昆仑山狩猎，回途在巴蜀一带遇到了一位神秘的匠人——偃师。偃师身边当时站着一位全身上下，全都是木纹色彩的奇异人物，周穆王问起那是谁？偃师从容回答："这不是真人，这是我制造的木甲艺伶。"周穆王不禁吃惊，仔细再看，发现这个木甲人实在太栩栩如生了！

ZAI GANGTIEZHONG ZHURU LINGHUN
在钢铁中铸人灵魂

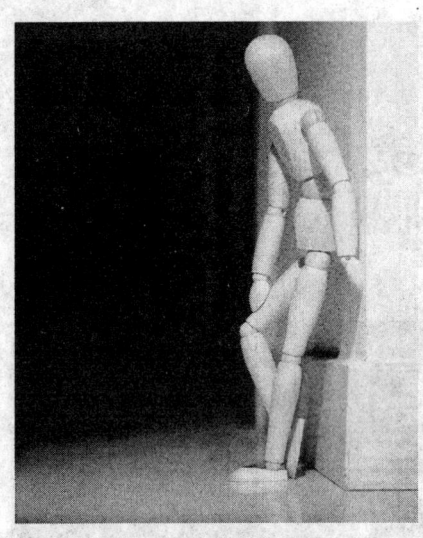

◆这，其实只是一个现代木偶

不论是他的一进一退、一抬首、一低头，仿佛都真的是个活生生的人！周穆王要他唱歌，完全可以合律；要他跳舞，也是千变万化。周穆王惊叹不已，立刻兴高采烈叫自己的侍妾们，也来观看他的表演。就在表演将结束之时，这个木甲艺伶竟眨巴眼睛，勾引周穆王的美丽爱妾。周穆王不禁大怒，斥责偃师："我还以为当真是什么木甲人！原来只是找个真人贴上木皮，想当作奇技，欺骗我这个天子？"偃师为了释疑，便当场拆解那一个木甲人让周穆王瞧仔细。周穆王发现，原来他真的是以木头、皮甲、胶漆等材料制作出来的，不论是肝、胆、心、肺、脾、肾、肠、胃、筋骨、支节、皮毛、齿发等，全是人工。偃师重新把这些零件拼了起来，那个木甲人真的又再度能栩栩如生动起来！周穆王这时才不禁佩服感叹："原来人工的技巧，竟能达到与天地造物者同一个水准，实在不可思议！"

那么，先不论这个故事有无可考，文中的"木甲艺伶"可要算是世界上最早，而且从文中记载看，也是技术最领先的音乐机器人。当然，这个"木甲艺伶"已经不仅局限于"音乐"的范畴了。

日本世博会鼓手机器人

在2005年日本爱知世博会上，一个仿真机器人在日本爱知世博会上表演击鼓。这个散发着金属光泽的机器人吸引了许多人在他的展台前

◆鼓手机器人

来看我！——奥运会和世博会中使用的机器人

驻足。

这个机器人高1.54米，重58千克，可以模仿鼓手的各种动作。

"紫蚕岛"的精灵

◆日本馆开幕式上的机器人

2010年世博会日本馆的名字叫做"紫蚕岛"。该馆最大的亮点之一就是会拉小提琴的机器人。

虽然日本馆的开幕式是以简朴的风格示人，但是拉小提琴的机器人一出场便俘获了大家的眼球。

这位有着一双黑色大眼睛的艺术家出场后先鞠躬，再用左手将小提琴放到下颚处手腕抖动，一曲茉莉花赢得了无数掌声与喝彩。

中国"美女"不输人

本来原定在2010年世博会上露面的中国美女乐坊，因为种种原因未曾露面，就让我们来揭开这层神秘的面纱。

这两个机器人身高1米75左右，皮肤白皙，黑发浓密，穿着长裙，堪称典型的东方美女。当人们触摸她们身后的一块电子屏幕，两"人"便一个手执长笛，一个紧握单簧管，开始演奏《在水一方》。乐曲飞扬中，只见两个美女机器人身形婀娜，轻挪舞步，在全场游走。她们领首挺胸，

◆"半裸的"美女机器人

在钢铁中铸人灵魂

随着节奏起伏，颇为传神。

虽然这次世博会上我们的音乐机器人未曾露面，不过随着技术的进一步完善和发展，在下一届世博会上，我们的机器人一定会绽放更闪耀的光芒。

拓展思考

1. 美女乐坊机器人令人瞩目，她们给你的第一印象是什么。
2. 日本馆机器人你看到了吗？在网上找一找它的资料。

来看我！——奥运会和世博会中使用的机器人

WANZHUAN JIQIREN

卧虎藏龙
——中国功夫机器人

从"防恐保安尖兵"到高智商的"海宝"，从年轻貌美的"机器人女子乐坊"到"中国功夫小子"，如今的机器人科技不仅从"炫技"升级到"炫智"，而且更高要求的人机交互也成为了一种趋势，在上海世博会上，这类功夫机

◆功夫机器人

器人无疑会大显身手。中华武术博大精深，中国功夫更是风靡世界，怀揣中国功夫于一身的机器人有何亮点？让我们拭目以待。

功夫高手亮相世博会

◆不难看出，外国人很喜欢中国功夫

　　一个机器人其实是各种高新科技的综合体现。这个功夫机器人身体上更是布满了技术：它的语音识别系统能倾听人的命令；无线通信系统用来和因特网无线连接。各种传感器则帮助它来感知自身的平衡。它的手和脚各安装了7个关节，能完成360度旋转，比人还灵活，打一套太极拳不在话下。说话间，一个智能轮椅机器人自己"行走"过来，它灵活机智，甚至能清楚地分辨出周围的障碍物，知道随时转弯。杨军告诉记者："除了

玩转机器人

"玩转科学"系列　·169·

ZAI GANGTIEZHONG
ZHURU LINGHUN

在钢铁中铸入灵魂

演奏机器人，我们还在和上海交大等高校联合研究智能轮椅机器人、多功能护理机器人等有望产业化的机器人项目。"据说在世博会上，这些"轮椅机器人"会帮助残疾人士走得更远。有趣的是，由于配置了各种传感器和智能集成电路，如果发现地面不平，"轮椅机器人"立马停车报警，然后自己很聪明地选择一条安全的通道前进。

功夫机器人一瞥

　　身怀中国功夫的机器人出现在上海世博会上。这个机器人大约有1.7米的个头，全身上下拥有32个自由度。这32个自由度如同32个关节，保证它能够像人一样活动自如。

玩转机器人

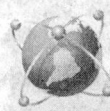

广角镜——中国2010年上海世界博览会

　　2010年世界博览会（Expo2010）在中国上海市举行，它是世博历史上首次由中国举办的世界博览会。上海世博会的主题是"城市，让生活更美好"（Better City, Better Life）。主办机构预计吸引世界各地7000万人次参观者前往，总投资达450亿人民币，超过北京奥运会，是世界博览会史上的最大规模。

◆上海世博会

链接——电影《机器侠》尽显中国功夫

　　"上帝造人，人制造机器人；为什么人可以怀疑上帝，机器人为什么不可以怀疑人？"

　　导演刘镇伟认为，中国应该有一个"侠"，它不能像变形金刚，也不能像任

来看我!——奥运会和世博会中使用的机器人

何超人,"它一定是有中国特色的机器人,应该有功夫,不要有太多激光"。

该片的故事发生在公元2046年,有关部门设计了一款男机器人,将他送到了宁波走马塘一户居民家和人类一起生活,一个女孩与机器人日久生情。为了和人类恋爱,这个机器人想方设法改变自己的程序,却出现了偏差,结果出了很多意想不到的笑料。但就在此时,有关部门派出4个机器人追杀男机器人。故事的结尾,和刘镇伟以往影片的结尾有着异曲同工之妙,爱上人类的机器人选择为爱粉身碎骨。

◆值得人们深思

懂武功才是硬道理

香港 A.I. 机器人

美国《福布斯》杂志最近推选出10大最酷儿童电子玩具,其中最引人注目的还是兼顾了学习娱乐双重需要的产品,中国香港的两款产品在这次评比中名列前茅。

排名第二的玩具是香港WowWee公司研发生产的A.I.机器人。这款玩具在纽约的玩具展上也获得过最佳创意玩具奖。

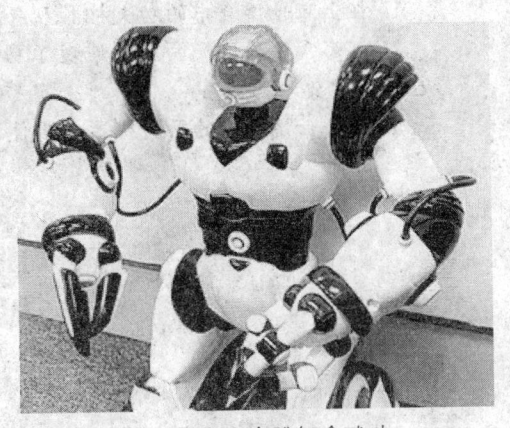
◆香港A.I.机器人会跳舞会武功

ZAI GANGTIEZHONG
ZHURU LINGHUN

在钢铁中铸人灵魂

它的特点是关节灵活，动作流畅，可以通过遥控器设定67种功能：不仅可以跳舞，能握手、拥抱，还会表演功夫，能像杂技演员一样抛东西。WowWee机器人还具有节能的特点，普通电池可以使用16个小时。

人形机器人

人形机器人实际上是一个高级机器人的微缩版。人形机器人有16个自由度（头不能动），除了可以用脚走路外，更可以表现各种高难度的仿人动作，可实现跑步、翻跟头（侧翻、前滚翻、后滚翻）、闪展腾挪（雀跃、伏地挺身、单脚站立、倒立）、太极拳、上下楼梯等。

人形机器人既会中国功夫，也会现代体操，还可以根据要求训练学习新的肢言，特别是可以与同系列的机器人擂台比武，适合参加Robot等系列比赛。

◆人形机器人

拓展思考

1. 在上海世博会中的功夫机器人身上，体现了哪些技术？
2. 电影《机器侠》向我们展现了功夫与机器人的完美组合，现代的机器人是如何变形的？
3. 上海世博会中的功夫机器人叫什么名字？

来看我！——奥运会和世博会中使用的机器人

WANZHUAN
JIQIREN

因特网骄子
——虚拟机器人

很遗憾地告诉大家，本节不会有虚拟机器人的图片。

神秘莫测的虚拟机器人究竟是什么？他们为什么没有留下哪怕一丝一毫的图像记录？难道虚拟机器人都隐居深山，与世隔绝吗？

看了下面的内容你就会明白，这位神秘的大侠，也许你们还曾经见过面，打过交道呢！

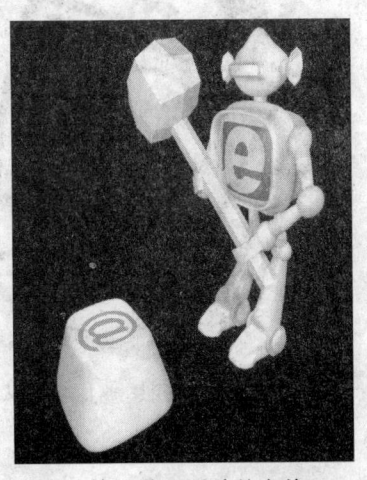
◆在计算机世界活动的家伙

玩转机器人

何为虚拟机器人

◆虚拟机器人足球比赛

虚拟机器人，没有机器人的外形，看不见，摸不到，他是一种人工智能的存在形式。

这么说可能很抽象，那么简单一点，QQ 聊过吗？如果你聊 QQ 的对象不是一个人，那么他就是具有人工智能的虚拟机器人。也就是说，虚拟机器人是通过展示其行为结果而为人所注意的机器人。

"玩转科学"系列 · 173 ·

在钢铁中铸人灵魂

ZAI GANGTIEZHONG
ZHURU LINGHUN

　　毫无疑问，互联网的出现和发展，为虚拟机器人的出场提供了舞台和方向。故而虚拟机器人也被称为网络机器人。

　　虚拟机器人，就是当之无愧的因特网骄子！

最聪明的机器人！

◆牵强点说，这就是虚拟机器人的外形

　　大家都明白，我国在机器人研究领域并不能算作走在世界前列，可是在上海世博会上，就有人喊出了"最聪明的机器人"这一个爆炸性的口号。

　　是弥天大谎？还是世界在变化？我们就来看一看这位神秘的朋友，自己得出自己的判断。

　　要认识他，就要先认识袁辉——世博会虚拟机器人的创造者。

　　2003年底，袁辉的第一个虚拟机器人小 i 以一个招人喜爱的卡通形象面世。小 i 机器人一问世就惊天动地。小家伙光头光脑，你甚至不知道它的性别。当它长到3岁时，就已经和2200万个人聊过天。

　　2009年，袁辉刚刚和奥运会相关机构草签了合同，"我们的计划是利用小 i 机器人已有的技术，把福娃变成机器人，让每个人都能在手机和网络上和福娃聊天。"他告诉记者。至于上海世博会，袁辉表示："届时我们会再上一个台阶，创造出世博会智能机器人。"

◆这位并不帅气的大叔，就是乔治！

　　2010年的184天上海世博会成为了史上规模最大的世博会，客流总量达7308万人次。如何帮助游客将是虚拟机器人最大的任务。"就算没有导游，只要你用手机注册的方式，就能请来虚拟机器人，它就能告诉你最近的路线、最方便的旅馆等等信息。"袁辉说。他告诉记者，由于中国互联

来看我！——奥运会和世博会中使用的机器人

网用户庞大，使得中国虚拟机器人比起物理机器人，在世界舞台上起跑得更快。这个世博会上智能机器人的聪慧，毋庸置疑。

这都是虚拟机器人辛勤工作的最好例子。

知识窗

虚拟机器人乔治

全球最知名的网络机器人当数英国的"乔治"。9年前，虚拟机器人"乔治"诞生。在网上，乔治39岁，总是戴着一副黄框眼镜，他身材瘦削，光头，喜欢黑色电影和科学侦探小说，热爱幻想。他努力地和网上的人讲笑话，发表对爱情和家庭的看法，时不时聊聊宇宙天象，生气时还会愤怒地拍打"桌子"。乔治和世界上的200万人侃过。

虚拟机器人的未来

在未来基于虚拟机器人的城市生活中，城市中的每个人都拥有4种虚拟机器人，分别是：获取主人信息安排主人活动的贴心虚拟机器人，为主人健康和发展提供服务的发展虚拟机器人，为主人提供价值服务并让主人价值得到社会认可的价值虚拟机器人，为主人提供城市资源体验服务的体验虚拟机器人，下面介绍这4种虚拟机器人的特点。

贴心虚拟机器人

贴心虚拟机器人有一定的亲和力，有漂亮的3D外形。它拥有主人的基本信息，包括主人的健康档案。它能和主人沟通，并能逐渐了解主人的偏好信息。它安排主人的活动，并负责管理和调度主人身边所有其他虚拟机器

◆未来城市中虚拟机器人将大显身手

在钢铁中铸人灵魂

人。它还是其他虚拟机器人的信息库,当其他虚拟机器人执行任务时,从它这儿获取相关信息,当任务执行完毕后,将把部分反馈信息递交给它存储。

发展虚拟机器人

发展虚拟机器人定期向健康和发展中心(实体组织)报告主人当前状况,包括主人的健康信息和技能评估信息。当中心中的医疗人员发现主人身体状况欠佳时,将派护理虚拟机器人指导主人身体康复。当中心中的技能评估师认为主人某方面技能需进一步提高时,将派培训虚拟机器人帮助主人的技能进一步发展。低技能的培训虚拟机器人可实行政府免费提供政策。

价值虚拟机器人

◆医生和猎头公司都将被虚拟机器人取代

价值虚拟机器人主要是在虚拟空间中寻觅能体现主人价值的机会并通过自动交易使主人的服务价值最大化,如在智能交易系统中向其他虚拟机器人出售主人的技能服务来为主人赚钱,如安排主人参加大型的社会活动等等。

体验虚拟机器人

体验虚拟机器人根据主人的偏好信息,能在各类智能交易系统和门户网站搜寻主人当前所需的城市服务资源。当主人认可其提供的服务资源时,它还能通过自动交易,使主人以合理的价位享受该项服务。

来看我！——奥运会和世博会中使用的机器人

世博会的应用展示

虚拟机器人，看不见，但是你可以"听"得到它。

让我们来看一下"小虚"是怎么工作的——（以下为官方介绍）

游客从浦东机场抵沪后，可以通过手机注册获得体验虚拟机器人。体验虚拟机器人向游客展示上海城市服务资源分布情况，游客想先安顿下来，并告知体验虚拟机器人想在世博园附近找个价格适中的旅馆住下来。体验虚拟机器人收到

◆在大上海，没有个"好帮手"，还真不行

指令后，先登录住宿服务智能交易系统，接着进入世博区域住宿服务智能交易系统结点，然后开始逐个遍历各家旅馆的摊位——摊位上登记该家旅馆的可用房间资源和价格，因为世博期间住宿紧张，只找到几家符合条件的世博志愿者提供的家庭旅馆，最后体验虚拟机器人通过HTTP地址在互联网上直接获取这些家庭旅馆的详细介绍信息并返还给游客的手机，游客浏览完房间图片和评论后，选中一家入住。

◆虚拟机器人画出的"中国结"

游客乘磁浮在世博站下车后，准备打车前往家庭旅馆。体验虚拟机器人收到打车指令后，先登录出租车运输服务智能交易系统，接着把游客当前位置信息（从GPS模块自动提取）告知位于世博区域出租车服务智能交易系统结点中的乘客代理虚拟机器人，乘客代理虚拟机器人在其摊位上张贴招车广告，该广告很快被距游客最近的出租车感知，最后体验虚拟机器人在乘客手机上显示目标出租车的实时

在钢铁中铸人灵魂

位置和到达打车点预计时间。

看来"小虚"还真是神通广大，从路线，酒店，到出租车，时间预测，这些足够我们挠头的任务都可以交给他来完成，决定去世博会的你，可不要忘记体验一下"电子秘书"哦！

拓展思考

1. 什么是虚拟机器人？
2. 城市中的4类虚拟机器人分别是什么？各自有什么特点？
3. 世博会的虚拟机器人都有哪些功能？

玩转机器人

机器人的灵魂
——人工智能（AI）

人工智能（AI）是目前科学技术发展的一门前沿学科，有人把它与空间技术、原子技术一起誉为 21 世纪的三大科学技术成就。

什么是人工智能？它又是从何发展而来？它对人类究竟有什么特殊的意义？我们又应该如何去合理利用它？本篇将给你一一解答。

机器人的灵魂——人工智能（AI）

源于古老
——人类对 AI 的初体验

世界著名科幻电影大师史蒂文·斯皮尔伯格曾导演过一部名叫《人工智能》的科幻电影。讲述21世纪中期，由于温室效应，南北极冰川融化，地球上很多城市被淹没。此时，人类科技已经高度发达，人工智能机器人就是人类发明出来用以应对恶劣自然环境的科技手段之一，

◆电影《人工智能》封面

而且，机器人制造技术已经高度发达，先进的机器人不但拥有可以乱真的人类外表，还能感知自身的存在。到底什么是"人工智能"？"人工智能"是怎么一步一步发展过来的呢？

智慧、智力、智能

说到人工智能，不得不先谈谈什么叫智能。什么是智能？智能也叫智力、智慧，指人认识客观事物并运用知识解决实际问题的能力。

不如让我们穿越"时间隧道"，来到有历史记载的古代中国和古希腊，可以发现许多令人惊讶的东西。例如，我国古代哲人，孔子、墨子、荀子等，早就思考过"什么是智力"这个问题。

战国末期思想家、教育家荀子在《荀子·正名》中这样定义智能："所以知之在人者，谓之知。知有所合，谓之智。所以能之在人者，谓之

在钢铁中铸入灵魂

◆荀子

能。能有所合,谓之智能。"他所讲的内容是:人所固有的、用以认识客观事物的东西,叫做认识能力。人的认识与客观事物相吻合,叫做智。人固有的掌握才能的能力,叫做能,或称为先天素质。这种先天素质与客观事物相符合,使活动达到成功的目的时,叫做智能。

智能及智能的本质是古今中外许多哲学家、脑科学家一直在努力探索和研究的问题,但至今仍然没有完全了解,以致智能的发生与物质的本质、宇宙的起源、生命的本质一起被列为自然界四大奥秘。

 **广角镜——各种智能的定义**

智能种类	智能特征	相关训练活动
语言智能	善于表达、驾驭文字的能力	读、写,讲故事或者是办一份杂志、期刊
数学—逻辑智能	有效运用数学和推理的能力	计算、游戏、解惑
音乐智能	对音高、音色、节奏、旋律等较为敏感	练耳、唱歌、表演、谱曲
肢体—运动智能	有着良好的身体技巧和控制平衡的能力	运动、舞蹈、体操、制作小模型
视觉—空间智能	能够准确地感觉视觉空间,并能表现出来	绘画作画、雕刻、设计时装和家具
自然智能	能够识别自然界的各种动、植物,并能进行分类	采集各种标本(树叶、化石、蛇皮)在花园里玩、收养宠物
人际智能	能够察觉别人的情绪、意向,辨别不同的人际关系	领导团队、解决朋友之间的问题
内省智能	能很好地控制自己的情绪,并善于自我分析,有自知之明	独立思考、自我反省

机器人的灵魂——人工智能（AI）

何谓人工智能

说完智能，我们再来说说什么是人工智能。顾名思义，所谓人工智能就是用人工的方法在机器（计算机）上实现的智能；或者说人类智能在机器上的模拟，因此又可称之为机器智能。

> 人工智能是关于知识的学科——怎样表示知识以及怎样获得知识并使用知识的科学。

现在，"人工智能"这个术语已被用作"研究如何在机器上实现人类智能"这门科学的名称。从这个意义上说，可把它定义为：人工智能是一门研究如何构造智能机器（智能计算机）或智能系统，使它能模拟、延伸、扩展人类智能的学科。通俗地说，人工智能就是要研究如何使机器具有能听、会说、能看、会写、能思维、会学习、能适应环境变化、能解决各种面临的实际问题等功能的一门学科。

从古代走来的"人工智能"

自古以来，人类就力图根据认识水平和当时的技术条件，用机器来代替人的部分脑力劳动，以提高征服自然的能力。古希腊就有制造机器人帮助人们劳动的神话传说。在中国公元前 900 多年，也有歌舞机器人传说的记载，这说明古代人就有关于人工智能的幻想。

◆机器人也能跳出漂亮的舞姿

在钢铁中铸人灵魂

随着历史的发展，到12世纪末至13世纪初，西班牙的神学家和逻辑学家试图制造能解决各种问题的通用逻辑机。17世纪法国物理学家和数学家帕斯卡制成了世界上第一台会演算的机械加法器并获得实际应用。随后德国数学家和哲学家莱布尼茨在这台加法器的基础上发展并制成了可进行全部四则运算的计算器。19世纪英国数学和力学家巴贝奇致力于差分机和分析机的研究，虽因条件限制未能完全实现，但其设计思想不愧为当时人工智能最高成就。

名人介绍：法国著名科学家——帕斯卡

◆布莱士·帕斯卡

布莱士·帕斯卡于1623年6月19日出生在法国奥维涅省的克莱蒙费朗，在兄弟姊妹中排行第三，也是家中唯一的男孩。帕斯卡三岁时，母亲不幸去世。父亲艾基纳是当地法庭的庭长，博学多才。8岁时，举家迁往巴黎。

帕斯卡的贡献有：帕斯卡定理、帕斯卡三角形、帕斯卡定律。他同时是近代概率论的奠基人。帕斯卡的成就是多方面的。他在数学和物理学方面贡献卓越，在科学史上占有极其重要的地位。

帕斯卡还发明了加法器，计算机领域不会忘记帕斯卡的贡献，1971年面世的PASCAL语言，也是为了纪念这位先驱，使帕斯卡的英名长留在电脑时代里。

图灵机模型的诞生

1936年，年仅24岁的英国数学家图灵在他的一篇"理想计算机"的论文中，就提出了著名的图灵机模型，1945年他进一步论述了电子数字计算机设计思想，1950年他又在"计算机能思维吗？"一文中提出了机器能

机器人的灵魂——人工智能（AI）

够思维的论述，可以说这些都是图灵为人工智能所作的杰出贡献。1946年美国科学家莫希利等人制成了世界上第一台电子数字计算机ENIAC。还有同一时代美国数学家维纳控制论的创立，美国数学家仙农信息论的创立，英国生物学家阿什比所设计的脑等，这一切都为人工智能学科的诞生作出了理论和实验工具的巨大贡献。

◆庞然大物，世界上第一台电子计算机

知识库——意义深远的"达特莫斯会议"

1956年美国的几位心理学家、数学家、计算机科学家和信息论学家在达特莫斯大学召开了会议，提出了人工智能这一学科，现在普遍认为人工智能学科是这时建立的，到现在已有40多年的历史，它的发展先后经历了"认知模拟"、"语意信息理解"、"专家系统"等阶段。

拓展思考

1. 什么是"人工"？什么是"智能"？
2. 说说我国古代思想家是如何理解智慧的？
3. "图灵机"是一种什么样的机器？

在钢铁中铸人灵魂
ZAI GANGTIEZHONG ZHURU LINGHUN

玩转机器人

坎坷而辉煌的成长
——人工智能的诞生到发展

◆世界上第一台机械式计算机——帕斯卡制造的加法机

近20年来,描写像人的机器人(或超人)的电影、电视故事已不计其数了,有的惊心动魄,有的令人深思。有多少是真的可能实现的?

如今,当你在使用各种现代化的智能产品的时候,你有没有想过它是如何发展而来的?它的童年是如何成长的?它又经历过哪些坎坷的事情?它又是如何一步一步发展成如今这个样子的?不妨让我们一起来了解一下 AI 的发展历程。

人工智能的媒介——计算机

随着1941年以来电子计算机的发展,技术已最终可以创造出机器智能。在它还不长的历史中,人工智能的发展比预想的要慢,但一直在前进,已经出现了许多 AI 程序,并且它们也影响到了其他技术的发展。

1941年的一项发明使信息存储和处理的各个方面都发生了革命,这项同时在美国和德国出现的发明就是电子计算机。第一台计算机要占用几间装空调的大房间,对程序员来说是场噩梦:仅仅为运行一个程序就要设置成千的线路。1949年改进后的能存储程序的计算机使得输入程序变得简单些,

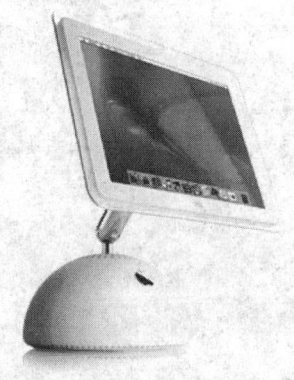

◆计算机的出现带动了人工智能的发展

机器人的灵魂——人工智能（AI）

而且计算机理论的发展产生了计算机科学，并最终促使了人工智能的出现。计算机使用电子的方式处理数据，这一发明为人工智能实现的可能性提供了一种媒介。

AI 的开端

虽然计算机为 AI 提供了必要的技术基础，但直到 20 世纪 50 年代早期人们才注意到人类智能与机器之间的联系。诺伯特·维纳是最早研究反馈理论的美国人之一。人们最熟悉的反馈控制的例子是自动调温器。它将收集到的房间温度与希望的温度比较，并做出反应将加热器开大或关小，从而控制环境温度。这项对反馈回路的研究的重要性在于：维纳从理论上指出，所有的智能活动都是反馈机制的结果。而反馈机制是有可能用机器模拟的。这项发现对早期 AI 的发展影响很大。

◆麻省理工学院受到了美国政府和国防部的支持进行人工智能的研究

人工智能的研究经历了以下几个阶段：

20 世纪 50 年代——兴起和冷落

人工智能概念首次提出后，相继出现了一批显著的成果，如机器定理证明、跳棋程序、通用问题求解程序、LISP 表处理语言等。但由于消解法推理能力的有限，以及机器翻译等的失败，使人工智能走入了低谷。这一阶段的特点是：重视问题求解的方法，忽视知识重要性。

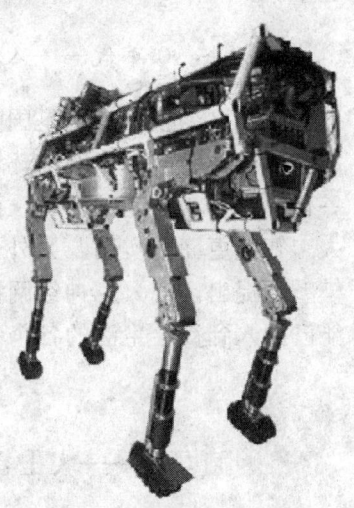

◆美国国防部高级研究计划署支持的项目"机器骡子"

在钢铁中铸人灵魂

20世纪60年代末——专家系统出现

DENDRAL化学质谱分析系统、MYCIN疾病诊断和治疗系统、PROSPECTIOR探矿系统、Hearsay—II语音理解系统等专家系统的研究和开发,将人工智能引向了实用化,并且,1969年成立了国际人工智能联合会议(International Joint Conferences on Artificial Intelligence 即IJ-CAI)。

20世纪80年代——第五代计算机的研制

日本1982年开始了"第五代计算机研制计划",即"知识信息处理计算机系统KIPS",其目的是使逻辑推理达到数值运算那么快。虽然此计划最终失败,但它的开展形成了一股研究人工智能的热潮。

20世纪80年代末——神经网络飞速发展

1987年,美国召开第一次神经网络国际会议,宣告了这一新学科的诞生。此后,各国在神经网络方面的投资逐渐增加,神经网络迅速发展起来。

20世纪90年代——人工智能出现新的研究高潮

由于网络技术特别是国际互联网的技术发展,人工智能开始由单个智能主体研究转向基于网络环境下的分布式人工智能研究。不仅研究基于同一目标的分布式问题求解,而且研究多个智能主体的多目标问题求解,将人工智能更面向实用。另外,由于霍普菲尔德(Hopfield)多层神经网络模型的提出,使人工神经网络研究与应用出现了欣欣向荣的景象。人工智能已深入到社会生活的各个领域。

广角镜——人工智能的应用方向

随着现代工业设备和系统日益大型化和复杂化,机械设备的可靠性、可用性、可维修性与安全性的问题日益突出,从而促进了人们对机械设备故障机理及

机器人的灵魂——人工智能（AI）

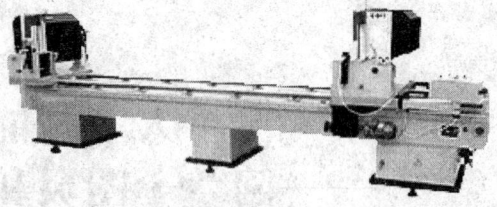

诊断技术的研究。并且随着计算机技术及数字信号处理技术的迅速发展，机械设备振动监测与故障诊断技术被广泛应用于电力、石油化工、冶金等行业的大型、高速旋转机械中。目前这种技术已成为设备现代化管理和提高企业综合效益的技术基础。

◆在生产中，安全才是最重要的

国内外实践表明，以振动监测与故障诊断技术为基础的设备预知维修能节省大量的维修费用，取得显著的经济效益，而且还能保证设备的安全运行，预防和减少恶性事故的发生，消除故障隐患，保障人身和设备安全，提高生产率。

拓展思考

1. 计算机和人工智能有什么联系？
2. 你知道世界上第一台计算机是什么时候制造的吗？
3. 人工智能的发展都经历了哪些阶段？
4. 举例说明人工智能的实际应用。

在钢铁中铸人灵魂

人工智能之父
——阿兰·图灵和约翰·麦卡锡

◆智能人型机器人

在科学技术愈来愈发达的今天,人工智能也在慢慢成熟,慢慢地发展成为人类想要的样子。然而在人工智能带给人们方便的同时,我们不能忘记这么一些人,正是他们的不懈奋斗,正是他们的刻苦钻研,使得人工智能能够服务于人类。下面就让我们来认识一下人工智能的鼻祖——阿兰·图灵和约·翰麦卡锡。

图灵——传奇的一生

介绍人工智能,不能不从图灵说起。英国著名学者阿兰·图灵(A. Turing)不仅以"纸上下棋机"率先探讨了下棋与机器智能的联系,他还是举世公认的"人工智能之父"。图灵的一生充满着未解之谜,他就像上天派往下界的神祇,匆匆而来,又匆匆而去,为人间留下了智慧,留下了深邃的思想,后人必须为之思索几十年甚至几百年。

1936年,图灵向伦敦权威的数学杂志投了一篇论文,题为《论数字计算在决断难题中的应用》。在这篇开创性的论文中,图灵给"可计算性"下了一个严格的数学定义,并提出著名的"图灵机"(TuringMachine)的设想。"图灵机"不是一种具体的机器,而是一种思想模型,可制造一种十分简单但运算能力极强的计算装置,用来计算所有能想象得到的可计算

机器人的灵魂——人工智能（AI）

函数。"图灵机"与"冯·诺伊曼机"齐名，被永远载入计算机的发展史中。1950年10月，图灵又发表了另一篇题为《机器能思考吗》的论文，成为划时代之作。也正是这篇文章，为图灵赢得了"人工智能之父"的桂冠。

图灵开创了计算机科学的重要分支——人工智能，虽然他当时并没有明确使用这个术语。"图灵奖"自1966年设立以来，一直是世界计算机科学领域的最高荣誉，把"图灵奖"获奖者作一统计后就会发现，许多电脑科学家恰好是在人工智能领域

◆人工智能之父阿兰·图灵

作出的杰出贡献。例如，1969年"图灵奖"获得者是哈佛大学的明斯基（M. Minsky）；1971年"图灵奖"获得者是斯坦福大学的麦卡锡（J. McCarthy）；1975年"图灵奖"则由卡内基－梅隆大学的纽厄尔（A. Newell）和赫伯特·西蒙（H. Simon）共同获得。正是这些人，把图灵开创的事业演绎为意义深远的"达特莫斯会议"。

历史故事

破密高手——图灵

在第二次世界大战期间，图灵应征入伍，在战时英国情报中心"布雷契莱庄园"（Bletchiy）从事破译德军密码的工作，与战友们一起制作了第一台密码破译机。在图灵理论指导下，这个"庄园"后来还研制出破译密码的专用电子管计算机"巨人"（Colossus），在盟军诺曼底登陆等战役中立下了丰功伟绩。

ZAI GANGTIEZHONG
ZHURU LINGHUN

在钢铁中铸人灵魂

链接——有趣的图灵测试

图灵测试（又称"图灵判断"）是图灵提出的一个关于机器人的著名判断原则，一种测试机器是不是具备人类智能的方法。如果说现在有一台电脑，其运算速度非常快，记忆容量和逻辑单元的数目也超过了人脑，而且人们还为这台电脑编写了许多智能化的程序，并提供了合适种类的大量数据，使这台电脑能够做一些人性化的事情，如简单的听或说，回答某些问题等。那么，我们是否就能说这台机器具有思维能力了呢？或者说，我们怎样才能判断一台机器是否具有了思维能力呢？

为了检验一台机器是否能合情合理地被说成是在思想，图灵提出了一种称作图灵试验的方法。此原则说：被测试对象一个是人，另一个是声称自己有人类智力的机器。测试时，测试人与被测试对象是分开的，测试人只有通过一些装置（如键盘）向两个被测试对象问一些问题，随便是什么问题都可以。问过一些问题后，如果测试人能够正确地分出谁是人谁是机器，那机器就没有通过图灵测试，如果测试人分不清楚谁是机器谁是人，那么这个机器就是有人类智能的。目前还没有一台机器能够通过图灵测试，也就是说，计算机的智力与人类相比还差得远呢，比如自动聊天机器人。但是图灵试验还存在一个问题，如果一个机器具备了"类智能"运算能力，那么通过图灵试验的时间会延长，而多长时间合适呢，这也是后继科研人员正在研究的问题。

◆图灵测试图示

机器人的灵魂——人工智能（AI）

万花筒

测试原理

图灵采用"问"与"答"模式，即观察者通过控制打字机向两个测试对象通话，其中一个是人，另一个是机器。要求观察者不断提出各种问题，从而辨别回答者是人还是机器。

人工智能历史的转折点

1956年，作为人工智能领域另一位著名科学家的麦卡锡（见右图）召集了一次会议来讨论人工智能未来的发展方向，从那时起，人工智能的名字才正式确立。这次会议在人工智能历史上不是巨大的成功，但是这次会议给了人工智能奠基人相互交流的机会，并为未来人工智能的发展起了铺垫的作用。在此以后，人工智能的重点开始变为建立实用的能够自行解决问题的系统，并要求系统有自学能力。

1959年，麦卡锡基于阿隆索·邱奇（Alonzo Church）的l-演算和西蒙、纽厄尔首创的"表结构"，

◆约翰·麦卡锡

开发了著名的LISP语言（List Processing language），成为人工智能界第一个最广泛流行的语言。LISP是一种函数式的符号处理语言，其程序由一些函数子程序组成。在函数的构造上，和数学上递归函数的构造方法十分类似，即从几个基本函数出发，通过一定的手段构成新的函数。LISP语言还具有自编译能力。具体来说，LISP有以下几个主要特点：

1. 计算用的是符号表达式而不是数；

在钢铁中铸人灵魂

2. 具有表处理能力，即用链表形式表示所有的数据；
3. 控制结构基于函数的复合，以形成更复杂的函数；
4. 用递归作为描述问题和过程的方法；
5. 用 LISP 语言书写的 EVAL 函数既可作为 LISP 语言的解释程序，又可以作为语言本身的形式定义；
6. 程序本身也和所有其他数据一样用表结构形式表示。

LISP 的这些特点已经被证明是解决人工智能核心问题的关键。

◆1971 年的图灵奖授予提出"人工智能"这一术语并使之成为一个重要的学科领域的斯坦福大学教授约翰·麦卡锡（John McCarthy）

 **万花筒**

Lisp 语言

Lisp 语言最早是在 20 世纪 50 年代末由麻省理工学院（MIT）为研究人工智能而开发的。Lisp 语言的强大使它在诸如编写编辑命令和集成环境等其他方面显示其优势。

Lisp 代表 List Processing，即表处理，这种编程语言用来处理由括号（即"（"和"）"）构成的列表。

机器人的灵魂——人工智能（AI）

拓展思考

1. 简单说一说图灵对人工智能的贡献？
2. 什么是"Lisp 语言"？
3. 是谁在哪次会议上提出的人工智能这一概念？
4. 简述一下"图灵奖"是专门颁发给哪些人的。

在钢铁中铸人灵魂
ZAI GANGTIEZHONG
ZHURU LINGHUN

自然科学还是哲学？
——人工智能的分类和特点（强弱人工智能）

◆智能机器人在演奏乐曲

人工智能的一个比较流行的定义，也是该领域较早的定义，是由约翰·麦卡锡（John McCarthy）在1956年的达特茅斯会议（Dartmouth Conference）上提出的：人工智能就是要让机器的行为看起来就像是人所表现出的智能行为一样。但是这个定义似乎忽略了强人工智能的可能性。另一个定义指人工智能是人造机器所表现出来的智能性。总体来讲，目前对人工智能的定义大多可划分为四类，即机器"像人一样思考"、"像人一样行动"、"理性地思考"和"理性地行动"。这里"行动"应广义地理解为采取行动或制定行动的决策，而不是肢体动作。想深入了解人工智能的分类吗？接着往下看吧。

强人工智能

科学家把人工智能大致分为两种——强人工智能和弱人工智能。

强人工智能观点认为有可能制造出真正能推理和解决问题的智能机器，并且，这样的机器将被认为是有知觉的，有自我意识的。强人工智能可以有两类：

类人的人工智能，即机器的思考和推理就像人的思维一样。

◆目前为止，我们也只能在荧幕上幻想

机器人的灵魂——人工智能（AI）

非类人的人工智能，即机器产生了和人完全不一样的知觉和意识，使用和人完全不一样的推理方式。

弱人工智能

弱人工智能观点认为不可能制造出能真正推理和解决问题的智能机器，这些机器只不过看起来像是智能的，但是并不真正拥有智能，也不会有自主意识。

主流科研集中在弱人工智能上，并且一般认为这一研究领域已经取得可观的成就。强人工智能的研究则处于停滞不前的状态。

◆机器人足球赛：绿茵场人工智能大战。这已经是目前为止最智能的机器了

对强人工智能的哲学争论

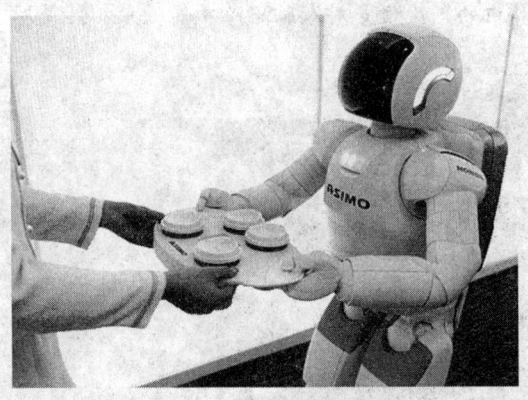

◆入选"名人堂"的23款机器人之一

对强人工智能的争论在科学界里没有停止过。有人认为："强人工智能观点认为计算机不仅是用来研究人的思维的一种工具；相反，只要运行适当的程序，计算机本身就是有思维的。"这是指使计算机从事智能的活动。在这里智能的涵义是多义的、不确定的。

也有哲学家认为，人也不过是一台有灵魂的机器而已，为什么我们认为人可以有智能而普通机器就不能呢？

还有哲学家认为如果弱人工智能是可实现的，那么强人工智能也是可

在钢铁中铸入灵魂

实现的。一个人看起来是"智能"的行动并不能真正说明这个人就真的是智能的。我永远不可能知道另一个人是否真的像我一样是智能的，还是说她/他仅仅是看起来是智能的。基于这个论点，既然弱人工智能认为可以令机器看起来像是智能的，那就不能完全否定这机器是真的有智能的。

人类对智能机体结构半个世纪的研究表明：机器可以打败人类最伟大的棋手，类人机器人可以走路并且能和人类进行互动。

需要指出的是，弱人工智能并非和强人工智能完全对立，也就是说，即使强人工智能是可能的，弱人工智能仍然是有意义的。至少，今日的计算机能做的事，像算术运算等，在百多年前是被认为很需要智能的。

广角镜——意识和人工智能的区别

人工智能就其本质而言，是对人的思维的信息过程的模拟。

对于人的思维模拟可以从两条道路进行，一是结构模拟，仿照人脑的结构机制，制造出"类人脑"的机器；二是功能模拟，暂时撇开人脑的内部结构，而从其功能过程进行模拟。现代电子计算机的产生便是对人脑思维功能的模拟，是对人脑思维的信息过程的模拟。

人工智能不是人的智能，更不会超过人的智能。

◆仿真机器人，通过电脑控制让机器人产生和人类似的面部表情

机器人的灵魂——人工智能（AI）

拓展思考

1. 什么是强人工智能和弱人工智能？这两种观点有什么不同？
2. 科学家们围绕着什么问题一直争论不休？
3. 谈谈你对意识的认识。
4. 人工智能和意识有什么联系？

在钢铁中铸入灵魂

路在何方？路在脚下
——人工智能的研究目标及基本内容

介绍完前面几章，相信大家对人工智能也有了一定的了解，但是大家有没有想过，人工智能最终的目标是什么？我们到底需要它们做什么？我们达到这个目标，还需要做什么事情？我想这些都是我们应该思考的。

◆《高达》中帅气逼人的机器人造型能否成为人工智能发展的一个方向呢？

人工智能的 9 大研究目标

关于人工智能的研究目标，目前还没有一个统一的说法。从研究的内容出发，李文特和费根鲍姆提出了人工智能的 9 个最终目标。

1. 理解人类的认识

此目标研究人类如何进行思维，而不是研究机器如何工作。要尽量深入了解人的记忆、问题求解能力、学习的能力和一般的决策等过程。

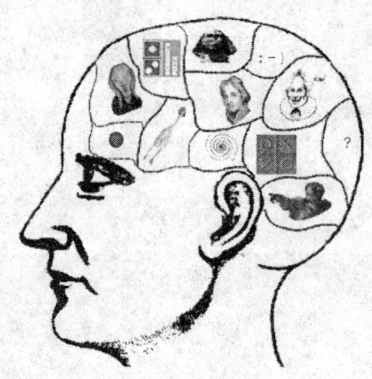

◆人类大脑是如何工作的

机器人的灵魂——人工智能（AI）

2. 有效的自动化

此目标是在需要智能的各种任务上用机器取代人，其结果是要创建执行起来和人一样好的程序。

3. 有效的智能拓展

此目标是创造思维上的弥补物，有助于人们的思维更富有成效、更快、更深刻、更清晰。

4. 超人的智力

此目标是创建超过人的性能的程序。如果越过这一知识阈值，就可以导致进一步地增殖，如制造行业上的革新、理论上的突破、超人的教师和非凡的研究人员等。

5. 通用问题求解

此目标的研究可以使程序能够解决或至少能够尝试其范围之外的一系列问题，包括过去从未听说过的领域。

6. 连贯性交谈

此目标类似于图灵测试，它可以令人满意地与人交谈。交谈使用完整的句子，而句子是用某一种人类的语言。

7. 自治

此目标是一个系统，它能够主动地在现实世界中完成任务。它与下列情况形成对比：仅在某一抽象的空间做规划，在一个模拟世界中执行，建议人去做某种事情。该目标的思想是：现实世界永远比人们的模型要复杂得多，因此它才成为测试所谓智能程序的唯一公正的手段。

◆现在的机器人智力相对还是比较低的

◆日本的家庭清洁机器人

8. 学习

此目标是创建一个程序，它能够选择收集什么数据和如何收集数据。然后再进行数据的收集工作。学习是将经验进行概括，成为有用的观念、方法、启发性知识，并能以类似方式进行推理。

9. 存储信息

此目标就是要存储大量的知识，系统要有一个类似于百科词典式的、包含广泛范围知识的知识库。

人工智能研究的基本内容

结合人工智能的长远目标，认为人工智能的基本研究内容应该包括以下几个方面：

机器感应

所谓机器感应就是机器（计算机）具有类似于人的感知能力，其中以机器视觉与机器听觉为主。机器视觉是让机器能够识别并理解文字、图像等；机器听觉是让机器能识别并理解语言、声响等。对此人工智能中形成了两个专门的研究领域，即模式识别与自然语言理解。

◆智能机器人"学习"人类切蛋糕

机器思维

所谓机器思维是指对通过感知得来的外部信息及机器内部的各种工作信息进行有目的的处理。正如人的智能来自大脑一样。因此，机器思维是人工智能研究的最重要、最关键的部分。

机器学习

人类具有获取新知识和学习的技巧，机器学习就是要使计算机也能有

机器人的灵魂——人工智能（AI）

这种能力，使它能自动获取知识，克服人们在学习中存在的局限性，比如容易忘记、效率低等。

机器行为

与人类的行为能力相对应，机器行为也就是计算机的"说"、"写"的能力，对于智能机器人，它还应有四肢功能，即能走路、能取物、能操作等。

智能系统和智能计算

为了实现人工智能的研究目标，就要建立智能系统及智能机器，为此需要开发对模型、系统分析与构造技术及语言等的研究。

广角镜——什么是"专家系统"

专家系统是一个智能计算机程序系统，其内部含有大量的某个领域专家水平的知识与经验，能够利用人类专家的知识和解决问题的方法来处理该领域问题。也就是说，专家系统是一个具有大量的专门知识与经验的程序系统，它应用人工智能技术和计算机技术，根据某领域一个或多个专家提供的知识和经验，进行推理和判断，模拟人类专家的决策过程，以便解决那些需要人类专家处理的复杂问题，简而言之，专家系统是一种模拟人类专家解决某领域问题的计算机程序系统。

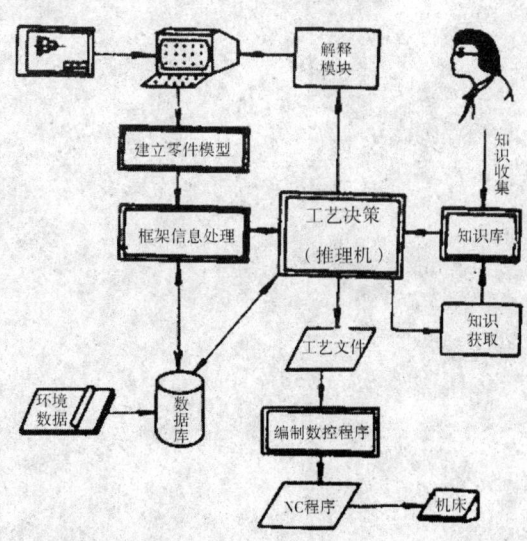
◆专家系统的组成

专家系统（expert system）是人工智能应用研究最活跃和最广泛的课题之一。它是运用特定领域的专门知识，通过推理来模拟通常由人类专家才能解决的

在钢铁中铸人灵魂

各种复杂的、具体的问题,达到与专家具有同等解决问题能力的计算机智能程序系统。它能对决策的过程作出解释,并有学习功能,即能自动增长解决问题所需的知识。

拓展思考

1. 人工智能有几大目标?分别是什么?
2. 人工智能研究的基本内容是什么?
3. 什么是"专家系统"?
4. "专家系统"都有哪些功能?它存在的意义是什么?

机器人的灵魂——人工智能（AI）

无所不能
——人工智能的典型应用

目前，人工智能的应用领域已非常广泛，从理论到技术，从产品到工程，从家庭到社会，从地下到太空，智能无处不在。例如，智能CAD、智能CAI、智能产品、智能家居、智能楼宇、智能社区、智能网络、智能电力、智能交通、智能控制、智能优化、智能空天技术等。下面简单介绍其中的几种典型应用。

◆中国象棋人机挑战赛

博弈的概念

这是一个有关对策和斗智问题的研究领域。例如，下棋、打牌、战争等这一类竞争性智能活动都属于博弈问题。

◆人机博弈"斗兽棋"

ZAI GANGTIEZHONG
ZHURU LINGHUN

在钢铁中铸人灵魂

博弈的例子

◆仪器正在记录一位国际象棋大师与电脑对弈时的大脑电波

国际上，人们对博弈的研究主要以下棋为对象，其代表性成果是 IBM 公司研制的 IBM 超级计算机"深蓝"和"小深"。

最引人注目的"人机大战"当属俄罗斯国际象棋大师卡斯帕罗夫与"深蓝"的较量。在 1996 年 2 月的比赛中，卡斯帕罗夫以 4：2 的比分获胜。但其后研究人员把"深蓝"加以改良，次年 5 月再度挑战卡斯帕罗夫，最终"深蓝"以 3.5：2.5 的比分让卡斯帕罗夫蒙羞。"深蓝"因其作为首个在标准比赛时限内击败世界冠军的电脑而名噪一时。卡斯帕罗夫不服输，要求再赛，但他已经没有机会了，"深蓝"的胜利让 IBM 股票飙升，IBM 也见好就收，让"深蓝"退役，将这场胜利永远固化在美国国家历史博物馆里。

 知识窗

计算机"深蓝"

深蓝是美国 IBM 公司生产的一台超级国际象棋电脑，重 1270 千克，有 32 个大脑（微处理器），每秒钟可以计算 2 亿步。"更深的蓝"输入了 100 多年来优秀棋手的对局 200 多万局。

研究博弈的目的

不完全是为了让计算机与人下棋，而主要是为了给人工智能研究提供

机器人的灵魂——人工智能（AI）

◆人机大战——卡斯帕罗夫对"深蓝"

一个试验场地，同时也为了证明计算机具有智能。试想，连国际象棋世界冠军都能被计算机战败或者平局，可见计算机已具备了何等的智能水平。

越来越多的人都和电脑对弈，那人与人之间的对弈还有意义吗？甚至还有人对电脑战胜人类智能感到不安。但专家指出，这些都是杞人忧天。电脑技艺的提高总是要基于人类棋艺的发展。更重要的是，人与人对弈的乐趣并不在于赢得胜利，棋手之间情感交流才是促使人们对阵的最重要因素，战胜人的快感是从机器中获取不到的。难怪卡斯帕罗夫在与"深蓝"对弈后感到很迷茫，他说，他在下棋过程中与对手之间在表情上也是斗智斗勇，但计算机没有；"我累了，计算机却很木讷，我在胜利后很兴奋，会看到对方的沮丧，但计算机即使胜利了也不会高兴。"言外之意，与这个被他称为怪物的东西对弈缺少了点什么。

知识窗

人机大战史

1996年2月10～17日，卡斯帕罗夫以4：2战胜"深蓝"（Deep Blue）。
1997年5月3～11日，卡斯帕罗夫以3.5：2.5输于改进后的"深蓝"。
2003年2月，卡斯帕罗夫3：3战平"小深"（Deep Junior）。
2003年11月，卡斯帕罗夫2：2战平"X3D德国人"（X3D—Fritz）。

人工智能的其他应用

除了人机博弈，人工智能还有很多方面的应用，下面再给大家简单介绍几个典型的例子。

自动定理证明

自动定理证明的概念：就是让计算机模拟人类证明定理的方法，自动实现像人类证明定理那样的非数值符号演算过程。它既是人工智能的一个重要研究领域，又是人工智能的一种实用方法。除数学定理外，还有很多非数学领域的任务如医疗诊断、难题求解等都可转化成定理证明问题。

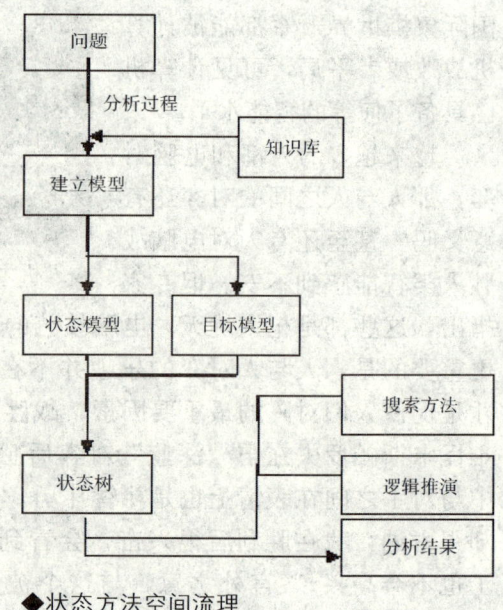

◆状态方法空间流理

智能网络

研究智能网络的意义：

（1）因特网为人类提供了方便快捷的信息交换手段，但基于因特网的万维网（WWW）却是一个杂乱无章、真假不分的信息海洋，它不区分问题领域，不考虑用户类型，不关心个人兴趣，不过滤信息内容。

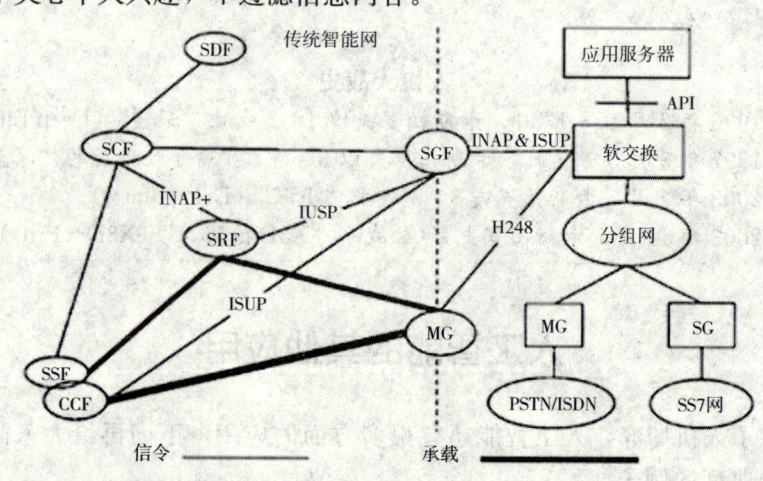

◆传统智能网

机器人的灵魂——人工智能（AI）

（2）传统的搜索引擎在给人们提供方便的同时，大量的信息冗余也给人们带来了不少烦恼。因此，利用人工智能技术实现智能网络具有极大的理论意义和实际价值。

智能网络的两个重要研究内容：

智能搜索引擎是一种能够为用户提供相关度排序、角色登记、兴趣识别、内容的语义理解、智能化信息过滤和推送等人性化服务的搜索引擎。

智能网络是一种与物理结构和物理分布无关的网络环境，它能够实现各种资源的充分共享，能够为不同用户提供个性化的网络服务。可以形象地把智能网络比作一个超级大脑，其中的各种计算资源、存储资源、通信资源、软件资源、信息资源、知识资源等，都像大脑的神经元细胞一样能够相互作用、传导和传递，实现资源的共享、融合和新生。

广角镜——关于人机博弈小问题

看完本章，相信大家对人机博弈有了一定的了解，下面给大家留一个有趣的小问题。题目如下：现有21根火柴，两人轮流取，每人每次可取走1～4根，不可多取，也不能不取，谁取最后一根火柴则谁输。人机对弈，要求计算机先取，人后取。请问，若要实现无论计算机如何取，人一方都为"常胜将军"，你该怎么取才能战胜计算机？

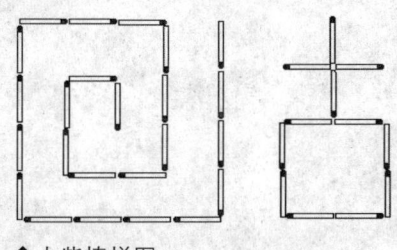

◆火柴棒拼图

拓展思考

1. 举例说出人工智能的用途还有哪些？
2. "深蓝"战胜了哪位国际象棋大师？
3. 什么是"自动证明定理"？并说说它的作用。
4. 智能网络的意义是什么？

荣辱与共

——人工智能的未来

随着人工智能研究的深入，人们有一个比较普遍的预测，也是普通大众一个比较普遍的担心，那就是人工智能会不会接近甚至超过人类智能？对这个问题专家们有着不同看法。

一种具有代表性的观点认为，人工智能超过人类智能是根本不可能的。因为计算机和人类工作的原理有很大的不同，计算机是根据既定目标，遵循系统化原则精心设计的，归根结底是按人预先设计好的规则工作的；人类则是受众多因素影响，逐步演化过来的复杂系统。

但是一些致力于智能计算机研究的专家们却乐观地认为，智能计算机将比人类更聪明。用硅制造的超级大脑将改变一切。

到底谁对了，谁错了，我想，时间将会给我们最完美的答案吧。

荣辱与共——人工智能的未来

神奇的大自然
——何谓天然智能？

在很久很久以前，宇宙中有一个美丽的蓝色星球，拥有生命物质的绿洲。这就是美妙的地球，从那时起，生命开始了漫长的进化。大约700万年前，人类迈出了历史的步伐。一部分灵长类动物成为宇宙中的高级智能生物，那就是人类。正是因为他们那超凡的智能，使得如今人类成为"万物之灵"。

那么什么是天然智能？其他动物也有智能吗？人类为什么拥有智能？

◆我们的蓝色星球

人类智能

人类之所以能成为万物之灵，是因为人类具有高度发达的智能。人类智能就是人类认识世界和改造世界的才智和本领。它包括"智"和"能"两种成分。"智"主要是指人对事物的认识能力；"能"主要是指人的行动能力，它包括各种才能和正确的习惯等等。人类的"智"和"能"是结合在一起而不可分离的。人类的劳动、学习和语言交往等活动都是"智"和

在钢铁中铸人灵魂
ZAI GANGTIEZHONG ZHURU LINGHUN

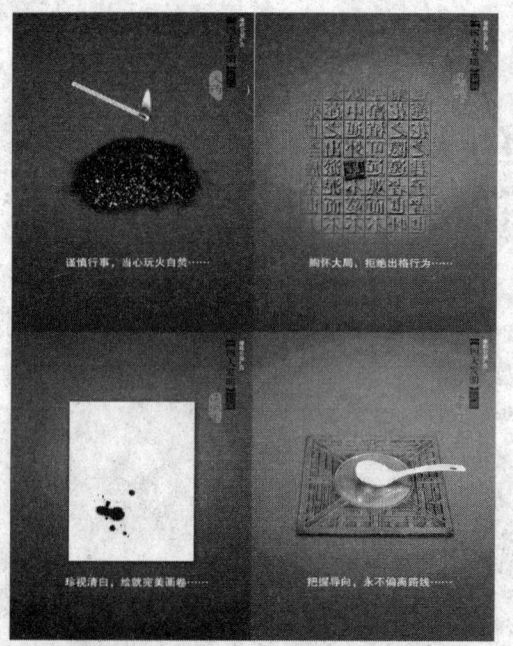

◆我国古代四大发明,标志着人类超凡的智慧

"能"的统一,是人类独有的智能活动。

意向是人类智能的一个重要方面。人的活动是有目的的、自觉的活动,一刻也离不开自己意向的主导。注意、需要、意图、情绪、意志、理想等都是人的意向活动形式。保持积极的意向、恰当的情绪和顽强的斗志等等,对人类智能的发展和发挥是十分重要的。

思维是人类智能的核心。人类智能的特点主要是思想,而思想的核心又是思维。"人是一种思维的动物",没有思维就没有人类的智能。有了思维,人类才能形成各种较复杂的意向,从而主导着人的活动,表现出人类所特有的自觉能动性。有了思维,人类才能探索自然界的奥秘,发现自然现象背后的规律。有了思维,人类才能发明各种技术,突破自己认识器官和行动器官的限制,大大提高改造世界的能力。

生物智能

大自然中除了人之外,还有许许多多的动物和植物,大自然的生物有各种各样,并且它们有许多的智能都是人类所不具备的,如蚂蚁的分工协作,蜜蜂在采蜜过程中所特有的本领和技术,蜻蜓的飞行原理,蝙蝠的夜间飞行,这些都曾给人类的发明创造带来巨大的影响。

因此,假如我们人类能多一些与各样生物的接触,从它们的生物特性和生存本领中摸索出一些有价值的东西来,也许对我们解决现实生活中的管理、社会、科技、生活等问题会有所启示。

我们常说"人力资源",但我们是否想到"猫力资源"、"狗力资源"?

荣辱与共——人工智能的未来

虽说这个世界人类主宰一切，但并不代表这个世界只有人才会有智慧，其他的动物或植物也有它们的智慧以及生存本领。既然上帝创造了它们，它们自然会包含着上帝的智慧。

◆蝙蝠在黑夜中能捕食猎物

我们一直在模仿

正如机器模拟人脑一样，人类也一直在模拟大自然的动物。

如萤火虫与荧光灯，苍蝇、蜻蜓与复眼相机，鱼眼和鱼眼镜头，蛙腿生物电和电池，狗与电子警犬，水母和风暴预报仪，蝙蝠与雷达等。

但是从模拟的角度看，两种不同物质系统之间，除了共同性外肯定还有差异性，飞机的发明，是众所周知的例子。鸟类的飞翔是人类制造飞机的巨大诱惑。但是在飞机研制过程中，"模仿"鸟而学到的东西实在很少，主要还是依靠非仿生的科技：机械学、空气动力学、燃料与动力科技。模仿鱼体形而造船等都是如此。统计学习之父普尼克也如是说："当然，研究人是如何学习的很有意义，但是，这并不一定是建立人工学习机器的最佳途径，正如人们对鸟类如何飞行的研究实际上对建造飞机并没有多少帮助一样。"

在钢铁中铸人灵魂

名人名言

就像现在我们了解了 DNA、RNA 和蛋白质功能之后，关于胚胎学的神秘感大部分消失了一样，在理解产生意识的机制之后，关于意识的神秘特性也将消失。

——克里克

玩转机器人

计算机还不如蚊子

◆蚊子能轻巧地落在水面上，能从水面上垂直起飞

现在科学承认，尽管我们制造了很高级的机器，计算机每秒可以完成数万亿次运算，速度是人脑的 10^{12} 倍，全世界的人一起计算的速度总和的 100 倍；100GB 的计算机硬盘可以存放 10 万本书的信息。但是，就感觉、运动、协调、解决问题的综合能力而言，传统计算机的智能不及一只蚊子！

生物学家和仿生学家早就发现了大量事实，足以证明生物神经计算的超高能力。例如，被人们称为"流浪汉"的信天翁，具有惊人的记忆力和导航能力，能非常精确地到达它们想去的岛屿，甚至能完成历时 5 年之久、距离达数万里的路程，其中不知道要面临多少不确定的气候与环境问题。

海豚除雷

伊拉克战争期间，经过专业培训、业务熟练的海豚，作为美国海军的

荣辱与共——人工智能的未来

"职业排雷兵",在排除伊拉克南部港口乌姆盖斯尔海域的水雷行动中,发挥了重要作用,为美英联军向伊拉克南部运送物资、调集部队、两面包围萨达姆政权的军队,作出了突出的贡献。海豚作为水雷等水下爆炸物克星的作用,再次引起了世人的关注。

事实上,美国海军利用海豚进行排雷作业的研究和实践,已经有很长时间的历史了。1960年,为了完善鱼雷的设计,美国海军加利福尼亚州一个实验室的研究人员开

◆伊拉克战争中训练有素的"排雷手"

始研究各种海洋哺乳动物的水文动力特性,结果发现,海豚不仅拥有非常精妙的构造,具有天然水声测位仪的功能,而且智力水平也比较高,能够接受复杂的专业培训,可以经过良好的训练用于军事目的,于是,美国海军就开始了海豚水下排雷的专业军事训练。经过最简单的水下作业训练后,试验结果表明,海豚能非常熟练地完成交给它们的一些不太复杂的任务。随后,高强度的专业训练开始全速进行,并很快形成了战斗力。

◆经过训练的海豚能够区分水下自然目标与爆炸装置

◆美国海军在伊拉克战争中开始大量使用海豚排除水下爆炸物

在钢铁中铸人灵魂

拓展思考

1. 什么叫"天然智能"？
2. "天然智能"有哪几种？
3. 能再举几个例子说明"生物智能"比人高明的地方吗？
4. 人类在"生物智能"中受到哪些启发？并在哪些方面得以应用？

荣辱与共——人工智能的未来

WANZHUAN JIQIREN

针锋相对
——计算机可以拥有智能吗？

数十年来，人工智能领域的科学家称，当计算机足够强大时，就可以拥有智能。但有的科学家却不同意，他们认为人脑和计算机的工作原理完全不同。

要想让计算机拥有智能，而且是像人一样思考问题，首先就得弄清楚人是怎么思考的，人的大脑是如何工作，人的神经网络是如何连接的。

当前的人类能否破解人脑工作原理？神经网络方面的研究会不会有助于智能机器的制造？智能若不是以行为来定义，又该如何定义？我们最终又能否让计算机拥有智能？看完本章也许能解开你心中的谜团。

◆电影《我的女友机器人》
在人类还没能制造出真正的智能机器的同时，我们也只能在电影中寻找安慰了

争论不休的哲学分歧

在能否了解大脑工作原理、了解大脑对智能机器有没有启发这些问题上，我们能听到科学界的两种声音。

有相当多的人都认为，从某个角度来看，大脑和智能是无法解释的，其中还包括一些神经学家；甚至有人认为，即使我们了解了大脑和智能，

在钢铁中铸人灵魂

ZAI GANGTIEZHONG
ZHURU LINGHUN

◆机器人要真有智力，那可就有意思了

也不可能建造出与之工作原理相同的机器，因为智能必须以人体神经元，甚至某些新的、高深莫测的物理定律作为基础。而另一些科学家不同意了，他们被称为功能主义学派。功能主义学派认为：具有智能或思维只是生物体的特征而已，与你身体的组织构成没有必然联系。思维存在于任何系统之中，只要这个系统的组织部分之间有正确的因果关系，而这些部分可以是神经元、硅芯片或者其他东西。

机器不能思维?!

说"机器在思维"是无意义的。当机器停止时，可以说它在思量或沉思吗？

——维特根斯坦

维特根斯坦生活在计算机时代之前。然而，他认真思考过机器能否思维的问题。在《哲学研究》中他明确指出：机器肯定不能思维！理由是：思维是生命现象。在生命之流中，它在无穷无尽的行为中展现出来。思维与感受、意愿等相联系。一个人必须做很多事或描述，我们才能知道他在思考。而且，机器能做出正确的行为，在屏幕上给出令人满意的结果。但是，屏幕上给出的正确结果是程序设计者行为的产

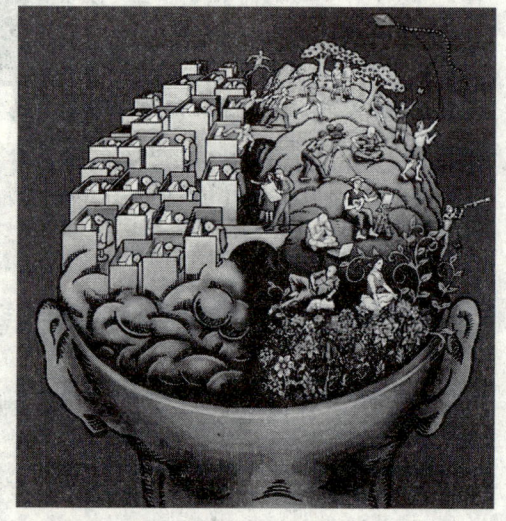

◆思维这种东西是很难说清楚的

荣辱与共——人工智能的未来

物,不是机器的"智力行为",它不知道那些显示字符的意义,什么都不理解。

天才的哲学家维特根斯坦断然否认机器能思维,另一位天才的人工智能开拓者、自然哲学家图灵,巧妙地回应了,从完全不同的立场对机器思维进行了更具体、更深入的分析研究。图灵建议,不要问"机器能否思维",而应当问"机器能否通过智能行为测验"。接着,他富于想象地提出了判断一台计算机是否具有智能的"模拟游戏",这就是后来非常著名的图灵测验。他没有提出机器能够有意识的理由,而坚持认为"机器能思维吗?"这个问题的定义不清楚。此外,他反问道:如果机器写出了一首诗,我们还要去追问它是出于"感情还是符号的排列"吗?为什么坚持一种对机器比对人类更高的标准呢?与其在这个观点上争论不休,还不如回到大家通常认可的礼貌惯例。

知识窗

"机器思维"同人类思维的本质区别:

1. 人工智能纯系无意识的机械的物理的过程,人类智能主要是生理和心理的过程。
2. 人工智能没有社会性。
3. 人工智能没有人类的意识所特有的能动的创造能力。
4. 两者总是人脑的思维在前,电脑的功能在后。

名人介绍:哲学家——维特根斯坦

路德维希·维特根斯坦于1889年4月26日出生于奥匈帝国的维也纳。父亲卡尔·维特根斯坦是欧洲钢铁工业巨头,母亲莱奥波迪内·哈耶克,外祖父之姑表妹,是银行家的女儿。路德维希在8个兄弟姐妹中排行最小,有着四分之三的犹太血统,于纳粹吞并奥地利后转入英国籍。

维特根斯坦是语言学派(大约相当于分析哲学)的主要代表人物。他思想的最初源泉主要来自弗雷格的现代逻辑学成果、罗素与怀特海写的《数学原理》和

在钢铁中铸人灵魂

◆20世纪初期最有影响的哲学家之一——维特根斯坦

G.E.摩尔的《伦理学原理》。他的哲学主要研究的是语言，他想揭示当人们交流时，表达自己的时候到底发生了什么。他主张哲学的本质就是语言。语言是人类思想的表达，是整个文明的基础，哲学的本质只能在语言中寻找。他消解了传统形而上学的唯一本质，为哲学找到了新的发展方向。他的主要著作《逻辑哲学论》和《哲学研究》分别代表了横贯其一生的哲学道路的两个互为对比的阶段。

前途何在？——我们的方向

半个世纪以来，我们调动了人类的全部聪明才智致力于计算机的智能化研究。在这个过程中，我们发明了文字处理器、数据库、电子游戏、互联网和移动电话，甚至还有逼真的恐龙电脑动画，但智能机器却仍然不见踪影。我们应该向哪个方向努力？人类最后又能否制造出真正的智能机器。我们下一节接着介绍。

"复制"人脑可行吗？

瑞士科学家提出了一项雄心勃勃的计划：在2015年制造出"人类大脑"

"蓝脑"计划

这是科幻小说吗？不是。这是发生在瑞士洛桑理工学院亨利·马卡兰教授实验室的一幕。不过，这个"人造老鼠大脑"只是一个"影子大脑"，

荣辱与共——人工智能的未来

是一个电脑模拟的大脑。它包括1万个电脑芯片，每个芯片模拟一个神经元细胞的行为模式，连接神经元的树状突触由复杂的电路模拟。

经过艰辛努力，马卡兰教授已经制造出了一个模拟幼鼠一部分大脑的模型。他最近提出了更加雄心勃勃的"蓝脑"计划：2008年先用啮齿动物做实验，2011年后试图组装一个猫的大脑模型，然后可能还会模拟猕猴的大脑。最终希望在2015年制造出"人类大脑"模型。

马卡兰教授的基本思路是：既然我们想要探索人类大脑活动的原理，就可以先从模拟大脑开始：用电脑"复制"人类大脑所有的活动，以及在其内部发生的各种反应。一旦最终"复制"出了人类大脑，像帕金森氏症这样因为大脑信息传递出现问题的疾病就能从中获得治疗"灵感"。

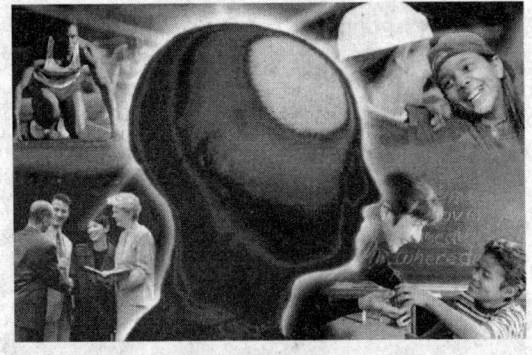

◆把人类各种活动中大脑的"反应"全部"复制"，这是一个漫长的过程

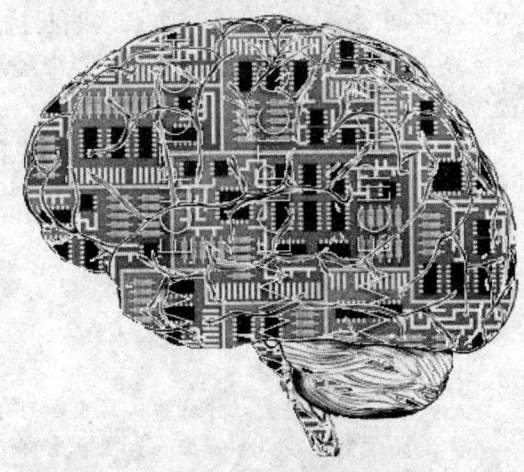

◆利用神经科学，科学家要构建一台像大脑一样工作的神经计算机

"复制"人脑路漫漫

目前，脑科学的进展日新月异。借助科学家在提取和解读大脑指令方面取得的进展，在电极、芯片和计算机的帮助下，一些肢体残疾的人已经能够坐直和站立，或仅凭思维来操作计算机以阅读电子邮件，甚至玩电子游戏。那么，瑞士马卡兰教授这个雄心勃勃的"复制大脑"计划的可行性如何？

在钢铁中铸人灵魂

ZAI GANGTIEZHONG ZHURU LINGHUN

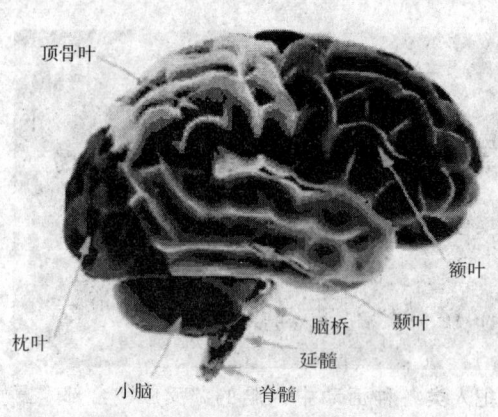

◆人脑模拟

顶骨叶 / 额叶 / 脑桥 / 颞叶 / 枕叶 / 延髓 / 小脑 / 脊髓

北京大学生命科学学院生物物理系副主任、博士生导师孙久荣教授告诉《国际先驱导报》，大脑内有两种细胞：负责信息传导的神经元细胞和辅助信息传导的胶质细胞。人脑内神经元细胞有1万亿个以上，而胶质神经细胞又是神经元细胞个数的几十倍。如此多的细胞要重造是相当困难的。连接这数以十亿计的神经元和神经之间的突触就更多。而且这些起桥梁作用的突触是随着人的学习、记忆终生可变的。它们今天连接这个神经元和那个胶质，明天可能就是连接另两个神经元了。

"人类能在短期之内弄明白意识产生的科学原理就是伟大的成就了，'复制'人类大脑其路漫漫。"孙教授说。

拓展思考

1. 谈谈你的感受，你认为机器能否拥有智能？
2. 关于智能，科学家们一直在争论的话题是什么？
3. 要想让机器拥有智能，我们必须从哪方面着手研究？
4. 人的大脑可以被"复制"吗？

荣辱与共——人工智能的未来

能？不能？谁来回答？
——我们能够建造智能机器吗？

我们能研制出智能机器吗？如果可以，那它们将会是什么样子呢？它们看上去是像我们在科幻中常见的酷似人类的机器人呢？还是像个人电脑那个黑色的机箱盒，又或者是别的什么样子？我们将会用它们来干什么呢？这项技术是不是很危险，会不会危害人类并对我们的个人自由构成威胁？智能机器最明显的应用范围将是什么？我们有没有办法知道这些神奇的应用将会是什么？智能机器对我们生活的最终影响将会是什么呢？

◆游戏《星际争霸》中的战斗机器人

我们能造出智能机器吗？

◆掌上电脑之父杰夫·霍金斯

至于我们能否造出智能机器，杰夫·霍金斯在《人工智能的未来》中告诉了我们，他认为我们是可以造出智能机器的，但是，它可能不是你所想象的那个样子。不会如人一样行动，也不会以我们的方式与我们交流，虽然把智能机器做成人的样子是理所当然的事情。

大家所熟悉的智能机器这个概念是从电影和小说中得来的。它们外形可爱或邪恶，它们可以与我们交流。科幻小说使人们深信，机器人或类人的机器是我们未来生活不可避免并令人期待的一部分。

ZAI GANGTIEZHONG ZHURU LINGHUN
在钢铁中铸人灵魂

几代人都是伴随着《星球大战》中的 R2D2 和 C3PO 以及《星际迷航》中的科学上尉的形象成长起来的。能被人类所控制的机器人是可以实现的，如智慧型汽车、自动深海探测器、自动割草机之类，它们在不久的将来将会越来越普及。但是，人形机器人将在很长一段时间内仍然是虚构。

知识窗

人工智能的挑战

人工智能专家们面临的最大挑战之一是如何构造一个系统，可以模仿由上百亿个神经元组成的人脑的行为，去思考宇宙中最复杂的问题。或许衡量机器智能程度的最好的标准是英国计算机科学家阿伦·图灵的试验。

玩转机器人

我们该不该制造智能机器？

◆《变形金刚》中的狂派机器人，眼神充满了邪恶

在 21 世纪里，智能机器将会从科幻小说中走出来，变成大家日常生活中的"伙伴"，但在这之前，我们应该考虑一下伦理的问题，即智能机器潜在的危机。

能思考、能按自己意愿行动的机器的未来景象已困扰人们很长时间了，这些都是可以理解的。新知识和新技术在出现之初总会使人们感到恐慌。就如工业革命之初，我们惧怕电和蒸汽机。机器自己能提供能量并能以复杂的方式运动，人们觉得很神奇，觉得可能很危险。

然而，现在它们却成了我们生活中不可或缺的东西了。当然了，任何东西都是有两面性的，就如核能不论是用于核弹头还是发电都是很危险的，因为一次小小的事故或一次误操作就有可能危及数百万人的生命。

荣辱与共——人工智能的未来

实际上，智能机器是不会有任何类似人类情感的，除非我们可以把它们做成那样。智能机器最强大的应用就是那些人类智力有困难的地方，感觉器官不能及的领域和那些单调的工作。通常，这样的活动几乎不涉及感情。

所以，由智能机器引发的伦理问题将不是问题。

为什么要制造智能机器？

现在我们无法预言智能机器的最终用途。我们没有办法准确地去了解那些细节。如果有人详细地把它预言出来，那不可避免地将被证明是错误的。有两条思路可以帮助我们大致了解它的走向。其一就是想象一下这种类人脑的记忆系统最短期的用途——一些显而易见的应用；其二就是考虑一下长期的趋势。

让我们先从短期的应用着手，类似于晶体管替代收音机里的电子管，我们可以先涉足那些人工智能尝试解决却没完全解决的领域。

◆史上最强类人型机器人 Asimo

Asimo（阿西莫）在美国底特律完成了一项壮举——指挥交响乐团。他能同时辨别3种声音，他还有一定的词汇量，能够与人做简单的对话

点击——2008年慕尼黑机器人展会

我们猜不出未来的智能机器是什么样子，那不妨来看看我们现在拥有的机器吧。看看那些让人瞠目结舌的作品。

88年前，捷克作家卡雷尔·恰佩克在他的科幻小说中，根据 Robota（捷克文，原意为"劳役、苦工"）和 Robotnik（波兰文，原意为"工人"），创造出

在钢铁中铸人灵魂

ZAI GANGTIEZHONG ZHURU LINGHUN

玩转机器人

"机器人"这个词。人类对机器人最初的设想，只是希望机器人能代替人在工厂里做繁重的工作。随着机器人技术的发展，现在的机器人越来越智能化、人性化，甚至拥有类似人类的听觉、视觉和触觉。最新一期的《经济学人》杂志撰文，回顾了机器人近一个世纪的发展史，并预测了机器人未来发展的四大趋势，最后大胆宣称：机器人逃出实验室的束缚，进驻人类世界的时代已经不远了！

◆机器水母——在德国汉诺威工业博览会上，两只机器水母在水箱内游泳。这种机器水母配备有8个电力驱动的"触须"，可以模仿水母在水中做推进式运动

在2010年7月德国慕尼黑机器人展览会上，来自欧洲、日本的一系列最新型机器人让人们叹为观止。从工业机器人到家政机器人、娱乐机器人，我们不难看出机器人技术正朝着以下四个方向大步前进：感官功能越来越丰富、制作成本越来越低廉、设计编程越来越简化，以及使用起来越来越安全。

◆斟酒服务员机器人——2008年3月，斟酒服务员机器人在日本京都亮相。这款机器人能识别商标、品酒并推荐哪道小菜适合那种酒。它作为"世界上第一款斟酒服务员机器人"被载入了《吉尼斯世界纪录大全》

荣辱与共——人工智能的未来

拓展思考

1. 说说你在科幻小说中见过的机器人，这些机器人都有些什么特点？
2. 将来我们能否制造出真正的智能机器？
3. 你对当今的机器人有多少了解？
4. 当今的机器人给你带来什么便利吗？

在钢铁中铸人灵魂
ZAI GANGTIEZHONG ZHURU LINGHUN

玩转机器人

敌人还是朋友？
——智能机器将永远灭绝人类？

◆电影《终结者》

"我们的问题不能用科学来解决，只能由人自己解决。只要有人被有计划地训练来对人类犯，这样造成的心理狀態只能一次又一次地导致大灾难。我们唯一的希望就在于拒绝有助于准备战争或者以战争为目的的任何行动。"

以上是爱因斯坦在《科学与战争》中写的一段话。也许有人还不太明白他说的是什么意思，这跟人工智能机器又有什么关系？不用着急，看完本章你就知道了。

人工智能？未来的危害？

2005年，英国《卫报》记者采访了10位科学家，请他们预测人类在未来70年所面临的危险。被列举的十大危险是：气候变化、老化疾病、病毒流行、恐怖活动、全球核战争、陨石撞击、人工智能、宇宙射线、火山爆发和黑洞吞没。其中，出现几率高且危险性大的就是人工智能！当然，对此也有很多不同的

◆来自古玛雅人的预言

荣辱与共——人工智能的未来

看法。西尔勒和彭罗斯不会担心那些没有意识、没有精神、与计算器没有本质区别的东西，它们肯定只是人类的工具而已。人工智能的成功，会改善人们的生活，聪明的自动化会给人们更多的休息时间。

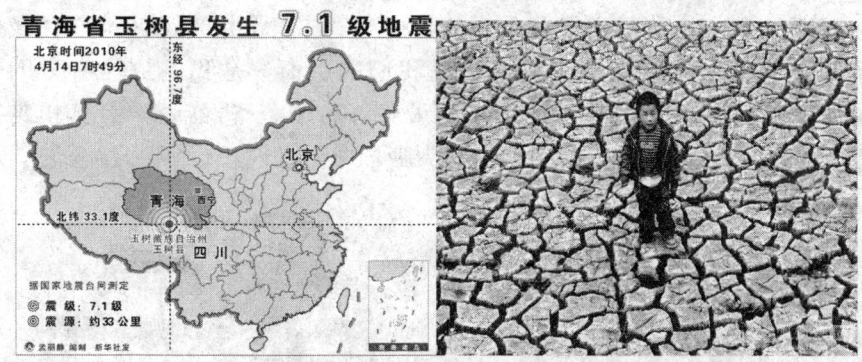

◆2010年的上半年，在我国发生的自然灾害"玉树地震"和"西南大旱"

电影能否成为现实？

你一定看过关于机器人的故事片吧。它往往反映了许多人的心态。

《终极病毒》说的是一个被美国某杀毒公司辞退的软件专家，他怀着报复的心理写了一个在网络上运行的高级病毒程序，不幸的是，这次病毒太过强大，他也无法控制了。病毒有自己的思想，它通过互联网攻击几乎所有的系统，包括电力、交通、自来水系统等等，当然了，它在制造了一系列的"恐怖活动"之后，被人类降服了。

有学者强调：继续发展智能机器也许是不道德的，那很可能使人成为机器，甚至丧失人性。如果机器智能超过人，人类能做的就不过是电脑暂时不能做的工作，人类成了电脑的延伸，人类社会的价值体系将彻底崩溃。

◆当年在我国横行一时的电脑病毒"熊猫烧香"

在钢铁中铸人灵魂

世界本该是美好的嘛

相反,我们也能听到很多乐观的声音,"它们将相当迅速地取代我们的存在。我认为这些未来的机器就是我们的后裔,是我们更强有力的形态,它们将承载着人性对长远未来的最美好希望。"机器人学者莫拉维克勒在《机器人:纯粹的机器到卓越的头脑》中如是说。

◆电影中也有十分可爱的机器人形象

拓展思考

1. 你所了解的人类灾难还有哪些?
2. 你认为玛雅人的预言是真的还是假的?谈谈你的看法。
3. 机器人会毁灭人类吗?